海杂波背景下的
目标检测技术

王　蕊　秦建强　李向阳　马红光　王　蓓　著

西北工业大学出版社
西安

【内容简介】 在真实战场环境中,强海浪信号淹没海上目标信号尤其是小目标信号现象时常存在,极易造成末制导寻的雷达对目标辨识不清、打击效果不佳的状况。本书通过对 log - normal、Weibull 分布和复合 K 分布等经典海杂波模型进行分析,结合实测海杂波数据研究了海杂波仿真模型;通过对传统的相空间重构算法进行分析,研究了非平稳时间序列状态空间重构算法;通过对混沌信号特征量进行分析,结合最大 Lyapunov 指数方法,研究了基于多尺度混沌特征量的目标检测算法;基于分形维数理论,开展了 Sevcik 改进算法以及基于 Euler 距离的 Higuchi 分形维数算法的研究。

本书既可作为高等学校电子工程、仿真技术等相关专业本科生和研究生的教材,也可供工程技术人员、研究人员阅读、参考。

图书在版编目(CIP)数据

海杂波背景下的目标检测技术 / 王蕊等著. -- 西安 ：
西北工业大学出版社，2024. 11. -- ISBN 978 - 7 - 5612
- 9617 - 2

Ⅰ. TN951

中国国家版本馆 CIP 数据核字第 2024DM0689 号

HAIZABO BEIJINGXIA DE MUBIAO JIANCE JISHU

海 杂 波 背 景 下 的 目 标 检 测 技 术

王蕊 秦建强 李向阳 马红光 王蓓 著

责任编辑：蒋民昌		策划编辑：蒋民昌
责任校对：朱晓娟		装帧设计：高永斌 董晓伟
出版发行：西北工业大学出版社		
通信地址：西安市友谊西路 127 号		邮编：710072
电　　话：(029)88493844，88491757		
网　　址：www.nwpup.com		
印 刷 者：西安五星印刷有限公司		
开　　本：710 mm×1 000 mm		1/16
印　　张：8.875		
字　　数：174 千字		
版　　次：2024 年 11 月第 1 版		2024 年 11 月第 1 次印刷
书　　号：ISBN 978 - 7 - 5612 - 9617 - 2		
定　　价：55.00 元		

如有印装问题请与出版社联系调换

前　　言

　　海杂波是指雷达探测海面目标时由运动中的海浪所形成的雷达回波,在不同海况下海杂波呈现出不同的特性,具有信号幅度强、波形复杂度高和非平稳、非线性、非高斯等特征,这给基于恒虚警的雷达目标检测造成极大的困难。传统的做法是利用统计信号处理的方法为海杂波建立统计学模型,公认有效的海杂波模型为 log-Normal、Weibull 分布和复合 K 分布模型,然而,这些模型均是假设海杂波是在平稳的基础之上的,这仅适用于复合短时观测的场合。为提高对海面弱小目标的发现概率,人们不得不采用多帧联合处理技术以提高目标回波能量,但随着观测时间的延长,海杂波呈现出较强的非平稳特性,以至于基于统计学的海杂波模型失效。

　　虽然混沌分形理论能够准确地描述海杂波特性,经典混沌分形理论要求海杂波必须为平稳随机过程,但实际上雷达接收到的海杂波信号为非平稳的时间序列,具有瞬态混沌和多重分形等非线性特性。在已公开发表的文献中,对海杂波混沌特性分析时仍旧沿用了延迟坐标相空间重构的方法,该方法在理论上不适合非平稳时间序列,即在计算延迟相空间的嵌入维和延迟时间时假设时间序列是平稳的,这与实际情况相悖,进而造成混沌特征量的计算误差,最终导致目标的发现概率大大降低。多重分形方法在一定程度上适用于非平稳时间序列,但现有的方法不具有时空多尺度分辨率,因此对弱小目标的识别能力也不尽如人意。为此,探索非平稳时间序列下的信号高维重构方法、开展具有时空多尺度分辨率的混沌特征量研究以及分形维数求解算法的性能分析和算法拓展,对于有效地提升强海杂波背景下雷达的目标检测能力具有重要的意义。

本书共 7 章：第 1 章为绪论，主要对海杂波背景下的目标检测技术研究的背景及意义、相关技术现状以及采用的海杂波数据进行了介绍；第 2 章研究了常用的海杂波模型，探讨了基于实测海杂波数据的建模方法；第 3 章研究了传统相空间重构方法，并在此基础上探讨了非平稳时间序列相空间重构方法；第 4 章对混沌信号特征量进行了分析，结合最大 Lyapunov 指数方法，探讨了基于多尺度混沌 Lyapunov 指数的相关弱目标检法；第 5 章提出一种基于自适应滤波的海杂波背景下目标检测方法，减少了对大量人为标定的训练数据集的依赖；第 6 章对常用的一维时间序列分形维数算法进行了分析，重点研究了改进的 Sevcik 计算方法、基于 Euler 距离的 Higuchi 分形维数算法以及基于多尺度 Higuchi 分形维数谱计算方法；第 7 章为总结与展望，对本书的主要内容和结论进行了总结，并对今后需要研究的内容进行了展望。

全书由王蕊和秦建强负责统稿。本书的撰写分工为：王蓓撰写第 1 章，王蕊撰写第 2～4 章，马红光撰写第 5 章，秦建强撰写第 6 章，李向阳撰写第 7 章。

在撰写本书的过程中，笔者得到了火箭军工程大学各级领导和许多专家的支持与帮助，并参阅了相关文献资料，在此一并表示感谢！

限于笔者的水平，书中难免存在疏漏与不妥之处，恳请广大读者批评指正。

著　者
2024 年 5 月

目　　录

第 1 章   绪   论

1.1   海杂波背景下目标检测技术的研究背景及意义

我国拥有长达 32 600 km 的海岸线和 493 km² 的海洋总面积,岛礁星罗棋布,领海、专属经济区、大陆架的无缝监控和管理成了建设海洋强国的首要任务。随着我国建设海洋大国基本国策的确立,海面监视对于海洋国土保护起到越来越重要的作用。各种类型的雷达系统构成了实施海环境全天候、全天时监控的主要装备。利用雷达技术对海面进行观测是实现海面动态监测以及海面目标预警监视的一个重要手段。

小型船只、冰山、蛙人、碎片、潜艇潜望镜、隐身目标等海面小型目标只有很小的雷达散射截面积。由于回波较弱,这些目标在常规雷达中具有非常低的信杂比(Signal Clutter Ratio,SCR)。虽然海上反入侵雷达设计成高的空间和多普勒分辨率,以便将 SCR 提升到临界值使得感兴趣的目标可检测,但即便如此,在低 SCR 情况下传统检测方法依然很难进行检测。同时,由于目标运动速度较慢,且海杂波具有较宽的多普勒带宽,目标和海杂波在多普勒上很难区分,因此这类检测通常被称为"超杂波检测",传统的检测方法在这种情况下很难奏效。

海杂波,即海表面回波,也就是来自被雷达发射脉冲照射局部海面的后向散射回波。为了深入揭示海杂波的特性,长期以来国际雷达界对海杂波的数学模型进行了广泛的理论和实验研究。习惯上海杂波常被视为单一随机过程,如经典的 Log‐Normal、Weibull 分布和复合 K 分布等。然而,这些模型在实际应用中都有其特定的局限性,其中一个重要原因是:基于假设把海杂波视为单一随机过程的样本函数,这在很大程度上并非因为海杂波的内在特性如此,而是由于其看似随机的波形,即对于海杂波的物理本质没有很好的根基。实际上,在大掠射角方式下,高分辨率的雷达测量的海杂波并不具有高斯分布特性,可见海杂波并不是平稳的,而是非线性非平稳的。因此基于以上的各种分布并不能对海杂波中的目标进行很好地检测,尤其在高海况条件下,海杂波非平稳特性将更加明显,以至于基于统计学模型的雷达信号处理方法不能有效地检测目标信号。迄今为止,对海杂波特性的研究及应用尚不尽人意。

大量研究成果表明,海洋表面波存在两种主要的成分:一种是由周期动力产生的长波形成表面波的相干分量,另一种是由风力产生的短重力波形成表面波的混沌分量。海洋表面波含有大量的非线性结构,这种多个动力变量非线性交互作用的结果形成了混沌动力学现象。基于混沌分形理论结合现代信号处理手段和计算机智能算法对海杂波进行建模,为雷达杂波更准确的建模和雷达信号检测的新发展提供了新理论、新思路。

虽然混沌分形理论能够准确地描述海杂波特性,但经典混沌分形理论要求海杂波必须为平稳随机过程,从严格的理论意义上看,经典的延迟相空间重构方法已不适用于海杂波,因此,后续的混沌特征量计算也就无法进行,所以,首要解决的问题是研究海杂波的状态空间重构方法,所重构的状态空间必须在保留海杂波非平稳特性的前提下正确地反映海杂波的混沌动力学特性;经典的混沌特征量(Lyapunov 指数和各种分形维)都是建立在时间尺度不变的条件下,不具有多尺度分辨特性,要从海杂波中提取目标信息必须借助于具有多尺度分辨率的特征量,从而研究多尺度混沌特征量成为本项目的一个重点;在上述工作的基础上,利用多尺度混沌特征量建立目标检测与识别算法,将会有效区分海杂波与目标回波。

1.2　海杂波条件下目标检测技术研究的现状

在海杂波背景下,如何实现对弱目标的可靠探测,是国内外亟待解决的难题之一。在强杂波背景下,经典的门限检测方法对弱目标无法进行可靠的自动检测,即使为了提高检测概率而提高检测门限,也会导致虚警概率的上升,因而无法满足应用的需求。国内外学者围绕海杂波条件下目标检测技术展开了多方面的深入研究,尝试运用不同的信号处理方法来解决问题,取得了一系列具有启发性的成果。然而,由于海洋环境的复杂性和目标状态的多样性,还没有较为成熟的方法能够满足目标检测的实时性、准确性、鲁棒性的要求。

1.2.1　基于统计模型的恒虚警(Constant False Alarm Rate, CFAR)方法

经典的雷达目标检测方法基于统计模型,而海杂波是作为随机过程来处理的。CFAR 检测的主要思想是通过对起伏杂波背景强度的实时估计产生自适应的门限,提供给检测算法进行检测处理,从而保持虚警概率的恒定。

根据杂波水平估计的不同方式，CFAR 方法可以分为均值类（Mean Level，ML）和有序统计类（Order Statistics，OS）。根据杂波幅度的概率密度函数（Probability density Function，PDF）的待估计参数个数不同，CFAR 处理技术又可以分为单参数的 CFAR 方法和双参数 CFAR 方法。

比如，ML 类 CFAR 方法中的单元平均恒虚警率（Cell Averaging-Constant False Alarm Rate，CA-CFAR）检测器是属于单参数的 CFAR 技术，适用于瑞利（Rayleign）分布这样的单参数模型，该方法最早是由 Finn 和 Johnson 在 1968 年提出来的。

而极大似然估计（Maximumlikehood Estimate，MLE）CFAR 检测器是属于双参数的 CFAR 技术，可以用来处理威布尔（Weilbull）分布的杂波。其中，Ravid 在 1992 年提出 MLE-CFAR 检测器思路。

在海杂波中目标检测方面，CFAR 检测器根据海杂波包络的 PDF 建模为瑞利分布，即高斯模型，或者对数正态分布、威布尔分布、K 分布等非高斯模型来进行处理。

Gini 等从 20 世纪 90 年代中叶至今持续开展了对基于统计模型的 CFAR 技术的研究，使用多种 PDF 模型来对海杂波的信号进行分析，并将 CFAR 技术应用于海杂波中的雷达目标检测。

何友、关键等在 2010 年就非高斯杂波中的距离扩展目标的检测问题，对原有的基于有序统计量的归一化似然比检验（Order Statistics-Generalized Likelihood Ratio Test，OS-GLRT）方法进行改进，通过添加动态门限的方式来调整检测门限，提高了算法的鲁棒性。

总之，随着雷达分辨率的提高和海况的复杂化，更多的幅度统计模型被提出来，这些建模的总体趋势是模型越来越复杂，从而导致相应的 CFAR 处理方法的计算复杂度越来越高。

1.2.2　基于分形特征的检测方法

传统的目标检测方法是基于随机与统计理论的，在过去的几十年内，这类方法日益成熟，取得了很多进展。但是随着目标环境越来越复杂，雷达系统越来越多样化，传统的检测技术逐渐表现出了其局限性。海洋表面常常被描述为复杂的、动态的、粗糙的，在大尺度的海浪上面骑行着小尺度的波纹，且其变化表现出不规律性和不完全随机性。研究表明：当电磁波照射到散射表面，并与散射表面发生相互作用从而产生散射回波时，散射表面的分形特性也会被映射到散射回波中去。

20世纪末期,Mandelbrot提出了用于描述自然界中不光滑和不规则几何体中的自相似性和标度不变性的分形理论。Berizzi等在实测海杂波数据的基础上进行分析,验证了海杂波在特定的条件下具有分形特性,并且证明了海杂波的分形维数和海表面的分形维数近似相等。进一步研究证明:Lo等在1993年,利用分形参数来刻画了海杂波和目标在分形域不同的自相似性,提出了一种基于海面回波分形维数特征的舰船目标检测方法,成功地将海杂波中的舰船目标检测出来。2005年,Zheng等在IPIX对海雷达实测海杂波数据的基础上证明了海杂波在时域具有多重分形特性。刘宁波、顾智敏、田玉芳等拓展了海杂波分形特性研究的维度,将分数阶傅里叶变换(Fractional Fourier Transform,FRFT)理论同分形理论结合起来,在实测海杂波数据的基础上证明了在FRFT域海杂波也满足分形特性,并且根据海杂波和目标的多重分形特征以及空间分形特征的差异提出了海杂波背景下的微弱目标检测算法,提高了目标检测性能。刘宁波、关键等对比分析了FRFT域海杂波的多尺度赫斯特(Hurst)指数和时域多尺度Hurst指数,证明了FRFT域海杂波的多尺度Hurst指数对海杂波和目标的区分度更好。石志广等将极化特性和海杂波的多重分形特性结合起来,分析了二者之间的联系,并根据海杂波的多个多重分形谱特征的差异设计了相应检测器,有效地检测出了目标,但该方法的计算量过大,不利于工程实现。为了解决这一问题,关键等在计算海杂波的多重分形特征时采用了迭代更新的方法,降低了计算量,提高了算法的实时性。邵夫驰等针对低信杂比条件下的海面目标检测问题,提出了一种在FRFT域根据海杂波和目标的高阶多重分形特性差异的目标检测算法,并对不同极化方式下的检测概率进行了对比、分析。徐勇等将分形理论同认知雷达处理方法相结合,根据对海杂波的分形特征进行聚类和多阈值判决完成了海杂波的抑制。刘宁波等针对在低信杂比条件下单一分形特征对海杂波和目标区分度不够理想,算法的目标检测性能较低的问题;联合处理多个海杂波和目标的分形特征参数,实现了对目标的检测,并在实测海面回波数据的基础上验证了该方法可以有效提高海杂波背景下的微弱小目标的检测概率。杨勇虎等在实测海杂波数据的基础上,证明了海杂波经EMD(Empirical Mode Decomposition)算法自适应分解后的IMF(Intrinsic Mode Functions)分量也具有分形特性;在此基础上提出了一种基于EMD分解和Hurst指数的目标检测算法,结果表明该方法的性能优于时域和FRFT域下的基于Hurst指数的目标检测算法。

Luo等在2013年通过对实测海杂波的分析,利用对多重分形谱的积分检验法来检测淹没在海杂波中的目标。然后,利用重构不同信杂比的信号的方式对所提方法的有效性进行了讨论,但没有给出关于检测性能的详细结果。

关键等在 2010 年首次将多重分形关联谱运用于目标检测,并得到了较好的检测性能。此外,他们还对海杂波在不同变换域的分形特性进行了分析,利用变换域的分形特征来进行目标检测。

随着对分形理论的深入认识,分形特征在海杂波中目标检测问题中的得到了广泛应用。研究者认为回波信号中所包含的分形信息有待进一步挖掘。

1.2.3　基于混沌理论的非线性预测方法

混沌是一种介于确定和随机之间的特殊过程,是由确定性系统内部的非线性相互作用而产生的某种不规则性的结果,对初始条件的敏感依赖性是混沌系统的重要特征。目前,混沌理论在各个领域都得到了广泛的应用,如海面目标检测、水下目标检测、图像(红外图像、SAR 图像等)中的目标检测以及其他微弱周期信号或瞬态信号检测等。

Leung 和 Haykin 在 1990 年探讨了海杂波中是否存在奇异吸引子的问题,经过对混沌模型的分析,认为海杂波受到一个低维的动力学吸引子的控制,并采用 G-P 算法计算出海杂波的相关维数值在 6～9 之间。

之后,Leung 等在 1993 年又进一步分析和提取了海杂波的李雅普诺夫(Lyapunov)指数等重要的混沌参数,并尝试通过构造神经网络预测器的方式将混沌理论应用于雷达目标检测。

Haykin 等继续研究了混沌信号的检测问题,认为海杂波关联维数是有限的,并且其海杂波的最大 Lapunov 指数为正数,最后对海杂波的短时可预测性进行了分析和验证。然而,对于海杂波是否适用混沌模型来描述这一问题,仍然存在争议性。有很多学者通过对大量实测海杂波数据的研究,对于海杂波是否为确定的混沌动力系统提出了质疑。Gayer 通过对大量实测海杂波数据的研究对之前得到的结论提出了质疑,即海杂波并非由确定性的混沌现象产生的,但并不排除是随机混沌或多个确定性混沌及随机过程混合而成的非线性动力系统。Hu 等又分析了混沌杂波中 0～1 检测的可靠性问题,又一次从侧面证实了杂波混沌模型存在的争议性。

尽管如此,目前仍有研究在运用混沌理论进行预测、微弱目标检测。这一问题尚没有十分确切的答案,仍需要更深入的研究。

1.2.4　基于时频分析的检测方法

时频分析可以描述频率成分在各时刻的变化情况,非常适合于非平稳信号的分析和处理。短时傅里叶变换、Gabor 变换及连续小波变换等属于线性时频分析方法。另外一类是二次型（双线性）时频表示，如维格纳维拉（Wigner Ville Distribution，WVD）分布，由于 WVD 不再符合线性叠加原理，这类时频分析变得复杂。

近年来人们提出了多种基于时频分析的解决方法，它们主要是针对加速目标的检测问题。Xu 等基于移动目标的径向速度、步进范围和多普勒频蔽间的祸合关系，提出了一种新的时频分析方法——Radon - Fourier 变换（RFT），分析了其在雷达目标检测中的性能。陈小龙、关键等将分数阶傅里叶变换（Fractional Fourier Transform，FRFT）、短时 FRET、Radon 线性正则变换等方法应用到加速目标和微动目标的检测中。此外，小波变换常常被应用到 SAR（Synthetic Aperture Radar）图像或者摄影图像的处理过程中，通过图像处理的方式实现对弱小目标的检测。

基于时频分析的检测方法要求对回波序列进行长时间的累积处理，并且计算量比较大。因此，对于扫描体制下的雷达，由于在每个波位的驻留时间有限，驻留期间接受到的脉冲数比较少，一般不能满足这些检测算法的要求。

此外，研究者还提出了其他方法用于海杂波背景下的弱目标检测，这些方法无法归类到上述的类别中。Nohara 在 1993 年采用 AR（Augmented Reality）模型探测某些频谱较窄但时域特性不明显的目标，并估计其特性参数，称为 AR 最大极点幅度法。王福友等在 2009 年利用局部回波幅值的统计特征（不同距离元的最大值和标准差）检测出了海杂波背景下的小目标，提出了一种新的检测方法。

1.3　实测海杂波数据介绍

本节中使用的雷达回波数据是加拿大 McMaster 大学公布的 IPIX 雷达获取的数据，IPIX 雷达是一种完全相干的 X 波段雷达，波长为 3 cm，数字控制，具有双极化接收方式、相干发射/接收、频率捷变和凝视/监控模式等先进功能。海杂波虽然有很多的仿真方法，但是，仿真的数据往往不能精确模拟出海杂波的全部特征，因此，为了更好地研究海杂波的特性，本节使用 IPIX 雷达实测的回波数据集，该数据集分为 1993 年和 1998 年两个年份。

1993 年外场实验的 IPIX 雷达如图 1.1 所示，这一年的数据是由 McMaster IPIX 雷达采集。测量地点在加拿大东海岸的悬崖上，具体位置为 Dartmouth，Nova Scotia。目标是泡沫塑料球，表面缠绕着金属丝网，直径为 1 m，漂浮在海面上且随着海浪来回漂移。

(a)　　　　　　　　　　　　　　(b)

图 1.1　IPIX 雷达天线及观测海域

雷达架设在悬崖上,其数据采集的侧视图如图 1.2 所示,天线高出海面的高度为 h,波束中心对应的入射角为 θ,雷达发射锥状波束,天线的覆盖范围由 h、θ 和波束宽度决定。$B_1,B_2,\cdots,B_N$ 为天线照射区划分的 A_f 个分辨单元,B_k 为漂浮小目标所在距离单元,目标到雷达的水平距离为 R,由于漂浮目标在海面上左右漂移,目标周围的距离单元受到影响,称之为受影响单元,剩下的为纯杂波单元。

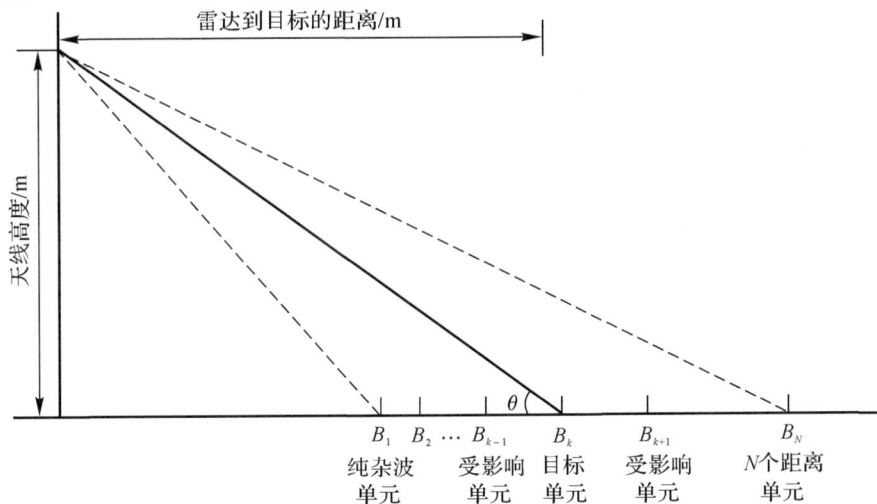

图 1.2　雷达数据采集示意图

雷达向海面发射电磁波,遇到障碍物就会发生反射和散射,雷达接收天线通过接收反向回波获得海面数据。对于同一个发射波,不同位置的海面回波到达接收天线的时间存在区别,与雷达距离越近的海面,其回波越早被天线接收到,这是因为电磁波是沿直线传播的,从图 1.2 中可以看出,电磁波到达 B_1 位置处距离最近,到达 B_N 距离最远,因此同一个发射波在 B_1 处会先产生回波。

表 1.1 为 1993 年采集数据时 IPIX 雷达的参数说明,表 1.2 为数据的说明,包括环境参数和各组文件的构成。

表 1.1　IPIX 雷达主要性能参数

雷达频率/GHz	9.39
脉冲宽度/ns	200
脉冲重复频率/Hz	1 000
距离分辨率/m	30
波束宽度/(°)	0.9
雷达天线高度/m	30
不模糊速度/(m·s^{-1})	7.987 2
雷达纬度/(°)	44.62
雷达经度/(°)	63.43

表 1.2　1993 年 IPIX 雷达数据说明

数据名称	风向/(°)	风速/(km·h^{-1})	气温/℃	湿度/(%)	目标所在单元
17#	300	9	7.2	81	9
18#	300	9	7.2	81	9
19#	310	13	7.8	79	8
25#	210	9	4.3	56	7
26#	210	9	4.3	56	7
30#	310	19	9	60	7
31#	210	19	8	66	7
40#	200	9	6.5	87	7
54#	300	19	3.6	56	8
280#	220	7	8.5	93	8

续表

数据名称	风向/(°)	风速/(km·h⁻¹)	气温/℃	湿度/(%)	目标所在单元
283♯	0	0	8.5	93	10
310♯	310	33	4.3	81	7
311♯	310	33	4.3	81	7
320♯	320	25	4.3	81	7

IPIX 雷达收集的海面回波数据为复数,包括 I 分量和 Q 分量,表 1.2 中包含 14 组数据文件,每组包含 14 个距离单元。目标漂浮在海面,会随着波浪的起伏来回移动,目标周围的单元会受到影响,因此称之为受影响单元。因为漂浮目标的回波存在受影响的单元,所以传统的加性观测模型不再适用。

1998 年,雷达安装在 Lake Ontario 的 Grimsby,架设高度为 20 m。表 1.3 为 1998 年采集数据时,IPIX 雷达的参数说明。表 1.4 为 1998 年采集的数据文件说明,选择了其中的 4 组数据,1998 年实测的回波数据文件总距离单元数和距离分辨率等参数不固定。

表 1.3 IPIX 雷达主要性能参数

雷达频率/GHz	9.39
脉冲重复频率/Hz	1 000
波束宽度/(°)	0.9
雷达天线高度/m	20
不模糊速度/(m·s⁻¹)	7.987 2
雷达纬度/(°)	43.21
雷达经度/(°)	79.6

表 1.4 1998 年 IPIX 雷达数据说明

数据名称	采集时间	距离范围/m	距离分辨率/m	距离单元数	目标所在单元
19980227 - 215854	1998/02/27 21:58:54	3 501～3 906	15	28	25
19980223 - 164055	1998/02/23 16:40:55	3 000～3 990	30	34	31

续表

数据名称	采集时间	距离范围/m	距离分辨率/m	距离单元数	目标所在单元
19980227-210536	1998/02/27 21:05:36	3 201~4 011	30	28	24
19980223-170435	1998/02/23 17:04:35	3 501~3 996	15	34	25

　　IPIX 数据存储格式为网络通用数据格式(Net Common Data Format, NetCDF),在载入原始数据时,共有 3 种可选的预处理类型,分别是 Raw 模式、Auto 模式和 Dartmouth 模式。其中,Auto 模式执行的预处理包含两个步骤:一是去掉 I/Q 通道的均值和标准差,二是去掉相位失衡,预处理后每个距离单元的数据均具有相同的功率水平。在海杂波特性分析与建模、海杂波抑制及目标检测等领域,IPIX 数据得到了广泛应用。

第 2 章　基于实测海杂波数据的 建模仿真方法

2.1　常用海杂波模型

常用的海杂波幅度分布模型有瑞利（Rayleigh）分布、韦布尔（Weibull）分布、对数正态分布、复合 K 分布等。瑞利分布与非瑞利分布的主要区别是非瑞利分布在高概率区有一个较长的"拖尾"，表明海杂波中海尖峰（Sea Spikes）增多。随着雷达分辨率的提高，海尖峰出现的频率会越来越高，使得散射单元的叠加不再满足"中心极限定理"。

2.1.1　瑞利分布

该模型基于如下假设：在雷达照射的杂波表面区域内，有大量随机分布的独立散射体，但是没有一个比其他散射体大许多的独立散射体，即没有一个起主导作用的散射目标（如水塔、电线杆）。该模型一般用于描述相对均匀的杂波。满足上述条件的杂波单元，其雷达回波的包络振幅是服从瑞利分布的。设 γ 是杂波信号的幅度，a 是杂波的标准差，瑞利分布的概率密度函数表达式如下：

$$f(\gamma)=\begin{cases}\dfrac{\gamma}{a^2}\exp\left(-\dfrac{\gamma}{2a^2}\right), & \gamma\geqslant0\\0, & \gamma<0\end{cases}\qquad(2.1)$$

对于低分辨率（脉冲宽度大于 $1\,\mu s$）雷达地面杂波、海面杂波以及气象杂波，杂波幅度服从瑞利分布。

选取 2 000 个点，雷达重复频率为 1 000 Hz，海杂波波长为 0.05 m，方差为 1，瑞利杂波仿真结果如图 2.1～图 2.3 所示。

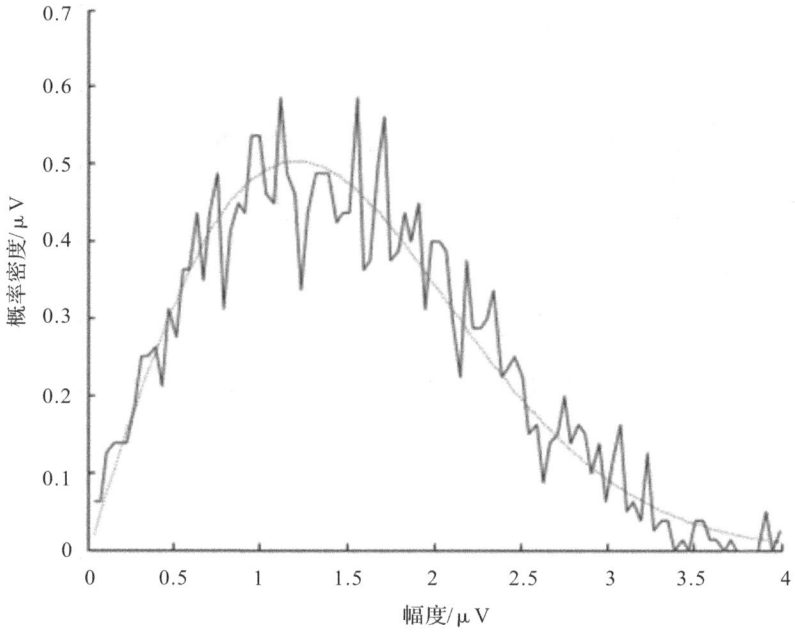

图 2.1　海杂波瑞利分布模型概率密度

杂波频谱

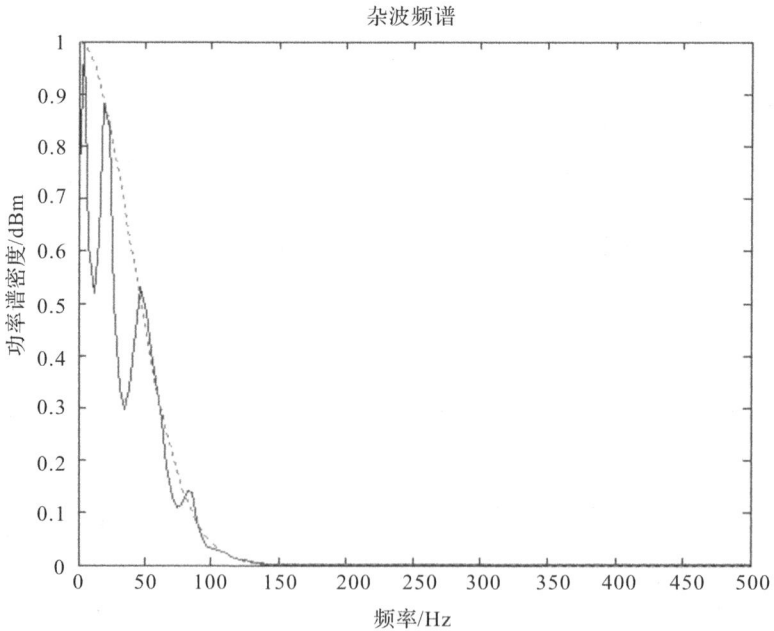

图 2.2　海杂波瑞利分布模型功率谱密度

(a)

(b)

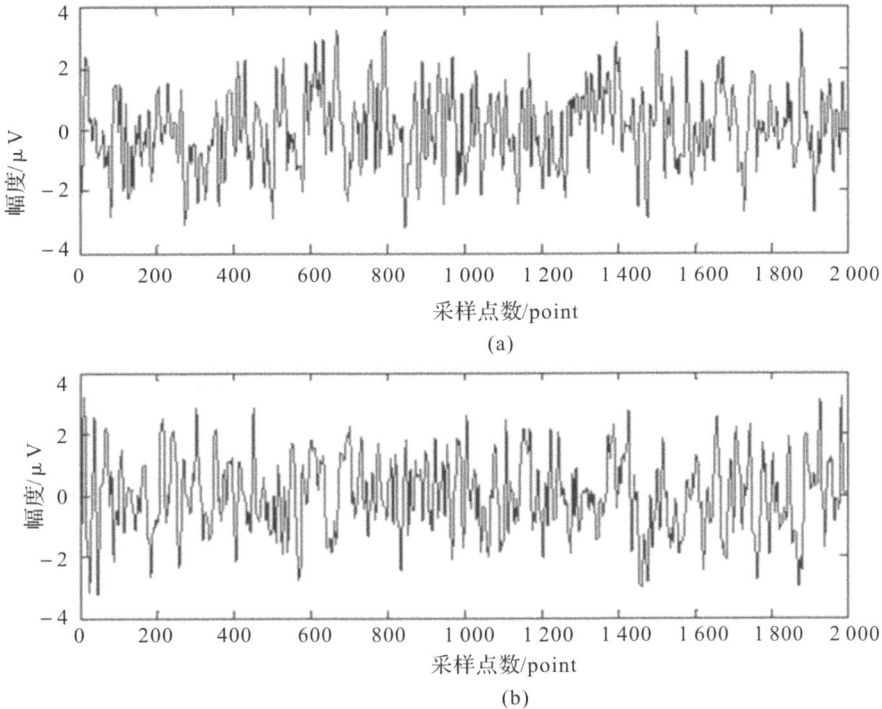

图 2.3　海杂波信号瑞利分布时域波形

（a）瑞利杂波时域波形，实部；　（b）瑞利杂波时域波形，虚部

2.1.2　对数正态分布(log - normol)

　　大量的实验数据表明：随着雷达分辨率的提高，大量散射体的叠加不再满足中心极限定理。杂波幅度的概率密度函数在高概率区出现一个较长的拖尾，即出现高振幅的概率增加，此时，瑞利分布已经不能用来描述海杂波的幅度分布，而用 Weibull 分布和对数正态分布更合适。在许多应用中，实验数据表明：当分辨单元尺寸和入射余角都很小的时候，散射体分布不均匀时（如低入射余角、复杂地形的杂波或者平坦区的高分辨海杂波），对数正态分布比瑞利分布更适合于描述海杂波的分布特性。对数正态分布的概率密度函数表达式如下：

$$p(\gamma) = 1/(\gamma\sqrt{2\pi v})\exp\left[-\frac{1}{2v^2}\ln^2(\gamma/\mu_c)\right], \quad v > 0, \mu_c > 0 \tag{2.2}$$

式中　v——形状参数，表示分布的倾斜度；

　　　μ_c——尺度参数，表示分布的中位数；

$\exp(\cdot)$——余误差函数。

根据测量数据,估计概率密度形状参数 $\sigma_c = 0.6$ dB,对海杂波信号进行 Log - normol 分布仿真,结果如图 2.4、图 2.5 所示。

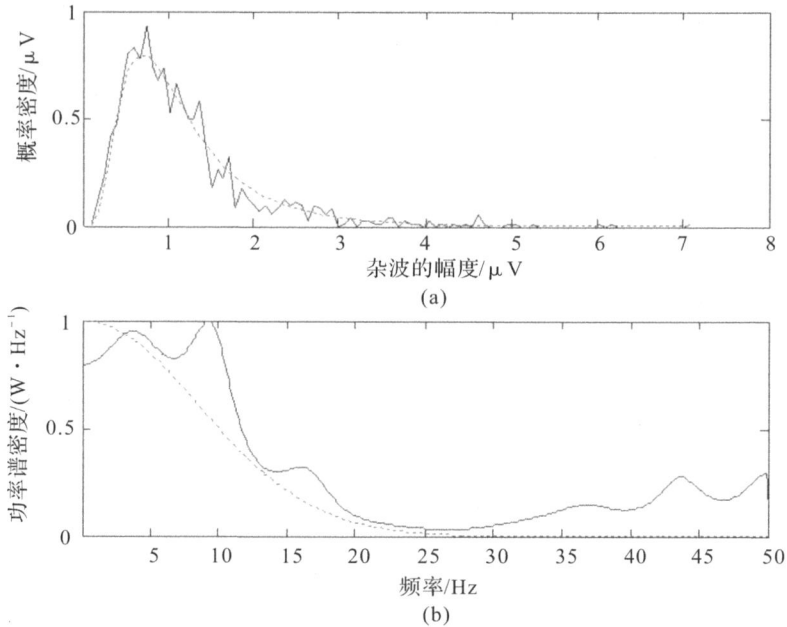

(a)

(b)

图 2.4　海杂波 log - normol 分布模型概率密度及功率谱密度

（a)杂波的幅度分布；　(b)杂波频谱

对数正态分布时域数据

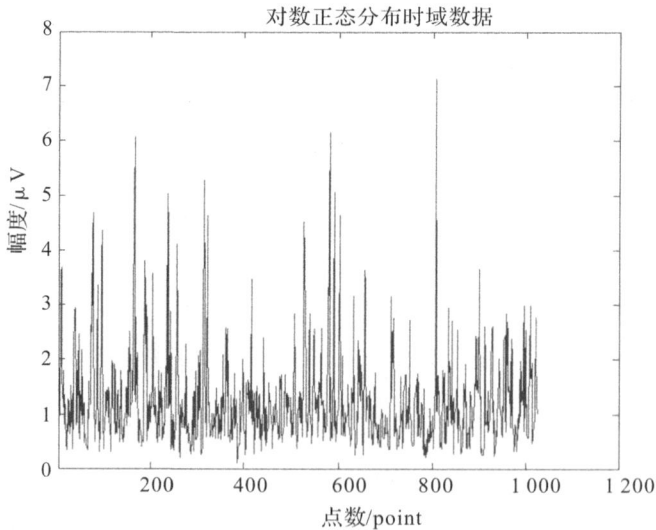

图 2.5　海杂波 log - normol 分布模型时域

2.1.3　复合 *K* 分布模型

在传统的海杂波建模方法中,复合 *K* 分布统计学模型被认为是描述海杂波特性最准确的模型,相关 *K* 分布的概率密度函数为

$$K[x;a,v]=\frac{2}{a\Gamma(v+1)}\left(\frac{x}{2a}\right)^{v+1}K_v\left(\frac{x}{a}\right) \tag{2.3}$$

式中　x——杂波幅度,$x>0$;

　　$\Gamma(\cdot)$——Gamma 函数;

　$K_v(\cdot)$——第二类修正的 v 阶 Bessel 函数;

　　v——形状参数,$v>1$;

　　a——标度参数。

形状参数 v 规定了与平均值有关的较大的矩,并通过混合模型规定了在平均值中的不均匀量;对于大多数杂波,形状参数 v 的取值范围是 $0.1<v<\infty$。对于较小的取值(即 $v\rightarrow0.1$)杂波有较长的拖尾,并意味着有尖峰杂波;而当 $v\rightarrow\infty$ 时,杂波的分布接近于瑞利分布。

已知海杂波的幅度概率分布及功率谱模型,进行海杂波仿真时,要先产生一组具有相关性的 *K* 分布随机序列。通常产生具有一定概率分布的相关随机序列的方法有球不变随机过程(SIRP)法和零记忆非线性(ZMNL)法。SIRP 法和 ZMNL 法各有其优缺点,这里采用的是 SIRP 法,两种方法的基本思想是首先产生相关的高斯随机过程(见图 2.6),然后经过一定的非线性变换产生相关随机序列。

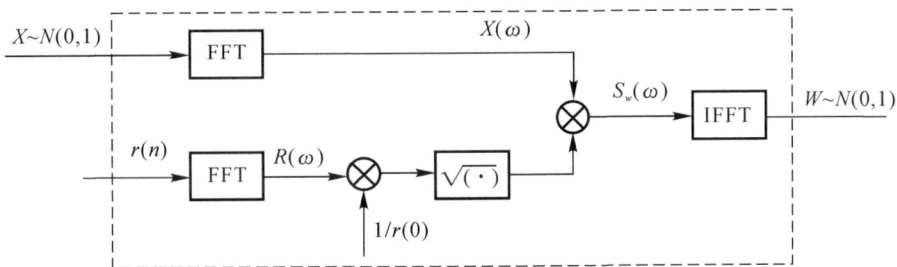

图 2.6　产生相关高斯序列的逻辑框图

实现 SIRP 法的 MATLAB 函数如下:

```
function[xI,xQ] = k_dist(N,V,sig)
y = chi2rnd(V,N,1);% generate chi2 radom numbers, V = 0.3;
```

```
for j=1:N, s(:,j) = Coguasian(N,sig);
end
W = hilbert(s);% I - Q
M = transpose(W) * W;
[E,D] = eig(M);
G = E * sqrt(D);
V = G * W;
Vc = real(V);
Vs = imag(V);
U = sqrt(Vc.^2+Vs.^2);
F = atan(Vs./Vc);
A = y' * U;
x = A * exp(1j * F);
xI = real(x);
xQ = imag(x);
end
%——————————————————————————————————————————————————
function s = Coguasian(N,sig)
    pd = makedist('Normal','mu',0,'sigma',sig);
    s1 = random(pd,N,1);%wgn(N,1,db(sig));
    s2 = random(pd,2*N,1);%wgn(2*N,1,db(sig));
    S1 = fft(s1);
    r = autocorr(s2,N-1);
    Rw = fft(r);
    H = abs(sqrt(Rw./r(1)));
    Sw = S1.*H;
    s = ifft(Sw);
end
```

其中：Coguasian 是按图 2.6 设计的产生相关高斯序列的函数；N 为生成的随机序列长度；sig 为 K 分布的尺度参数，由杂波的平均功率水平决定；v 为形状参数，反映 K 分布的偏斜度。图 2.7 为雷达照射海面的示意图，图 2.8 为 $V=0.3$，sig＝2 时所生成的长度 $N=1\,000$ 的海杂波数据的时域波形（幅度、相位在"快时间或距离向"的波形图）。

利用雷达方程将仿真生成的海杂波作为随机扰动，按信杂比叠加到目标回波上，可得到海杂波背景下的雷达回波信号。

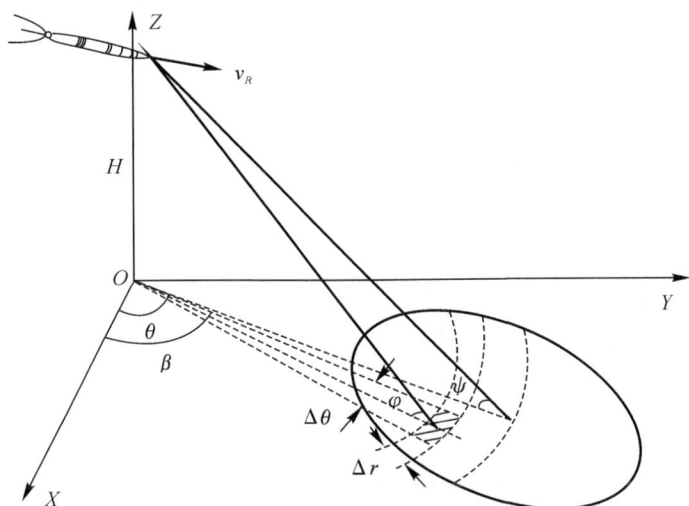

图 2.7　雷达照射海面示意图

图 2.9 为图 2.8 场景下生成的海杂波数据的时域波形图和瞬时相位图,图 2.9 为信号幅度的直方图,分析可知,基于相关高斯序列所产生的复合 K 分布序列有拖尾部分,但整体上看与高斯分布仍有较高的相似度。

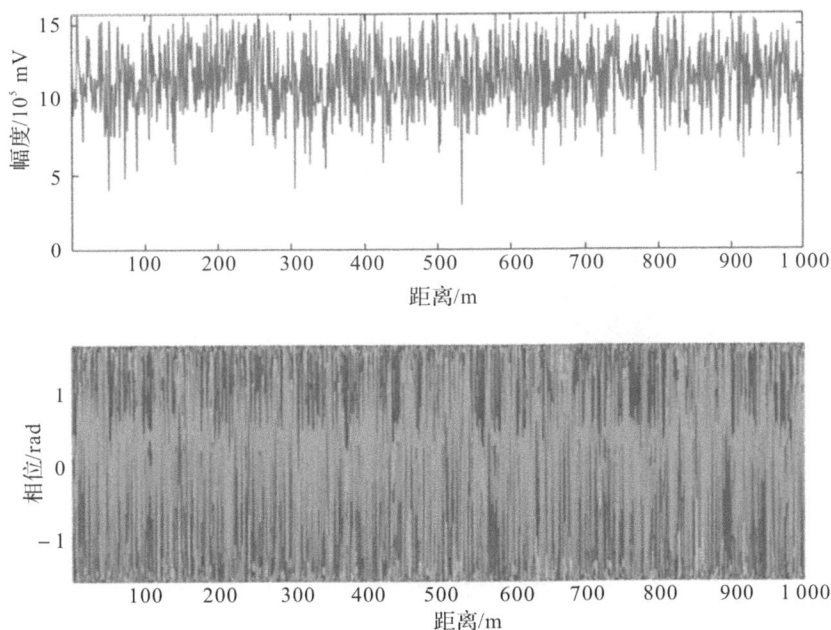

图 2.8　时域信号幅度、相位波形图

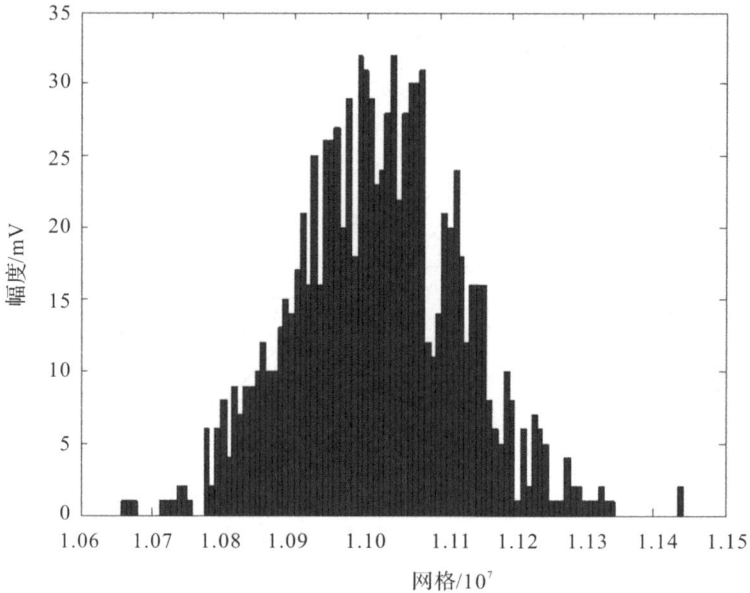

图 2.9 K 分布海杂波直方图

图 2.10 为加拿大 McMaster 大学 S. Hykin 教授团队利用岸基 IPIX 雷达实测的高海况下的海杂波直方图,其中雷达的中心频率为 9.3 GHz(i 波长为 3 cm),主波束相对照射区域的夹角为 0.4°,是典型的低掠角观测数据。

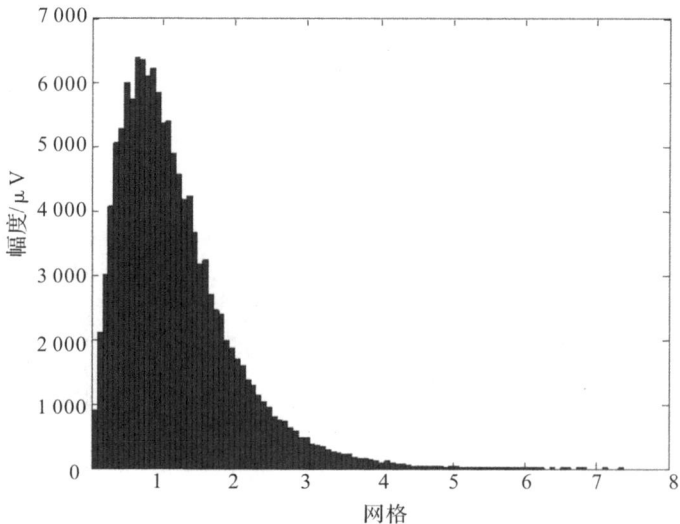

图 2.10 高海况实测海杂波的直方图

通过对比图 2.9、图 2.10 可以发现,图 2.10 中实测的海杂波信号幅度具有较长的拖尾,而且图 2.9 中复合 K 分布与实测数据存在较大差距,难以有效表现海杂波的信号特征,分析原因主要还是构建的模型没有充分考虑真实信号的非平稳特性。

2.2　实测海杂波数据建模

为了克服这一不足,研究中提出了一种基于实测海杂波数据的建模方法,通过引入实测海杂波的瞬时相位,使得仿真生成的海杂波数据具有实测海杂波的非平稳特征,具体实现步骤为:

(1)提取不同海况下实测海杂波数据相干雷达基带数据,即包含 I、Q 数据 $[xI, xQ]$,提取幅度 $s_M = \sqrt{xI^2 + xQ^2}$,提取瞬时相位 $\theta = \arctan(xQ/xI)$;

(2)选择统计模型,利用最大似然估计计算实测海杂波的瞬时幅度 s_M 的模型参数;

(3)利用相应的随机数发生器函数生成随机序列 A,令 $y = Ae^{j\theta}$ 得到仿真海杂波序列。

2.2.1　基于 Pareto 分布的海杂波建模

结合大量的实验证明,当雷达工作在高海况环境且逆风观测时,Pareto 分布模型较 K 分布与实际海杂波拟合更好,尤其是杂波的"拖尾"部分。同 K 分布一样,Pareto 分布也是一种复合高斯分布模型,是快变化的散斑分量受慢变化的结构分量调制的结果,只不过结构分量不再服从 Gamma 分布,而是服从逆 Gamma 分布。N 次观测的 Pareto 分布 PDF 为

$$f_x(x) = \frac{x^{N-1} b^a \Gamma(N+a)}{(b+x)^{N+a} \Gamma(N) \Gamma(a)} \qquad (2.4)$$

图 2.11、图 2.12 分别为低、高海况下 IPIX 雷达实测数据的直方图和基于 Pareto 分布海杂波仿真数据的直方图。估计低海况时的模型参数 $a = -0.427$,$b = 1.658\ 6$,估计高海况时的模型参数 $a = -0.182\ 9$,$b = 1.351\ 6$。

分析图 2.11、图 2.12 仿真数据直方图可知,基于 Pareto 分布的海杂波模型虽然较好地逼近了实测海杂波的"拖尾"特性,克服了复合 K 分布的不足,但其直方图存在阶跃的前沿,与实测数据还存在明显差异。

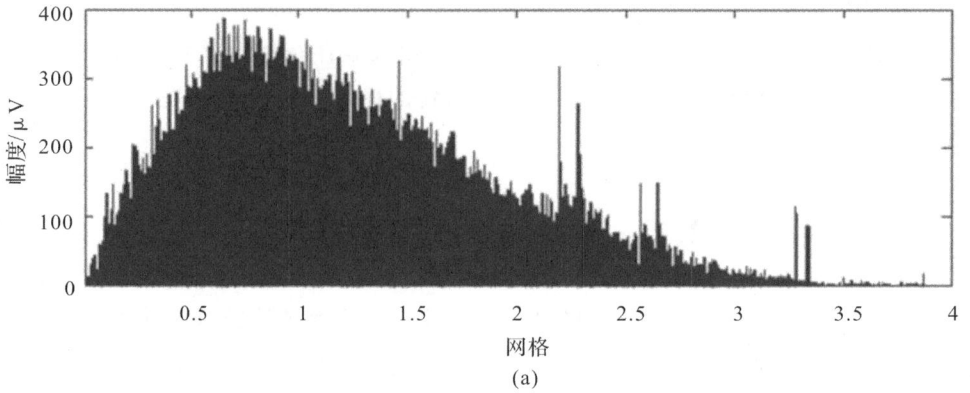

(a)

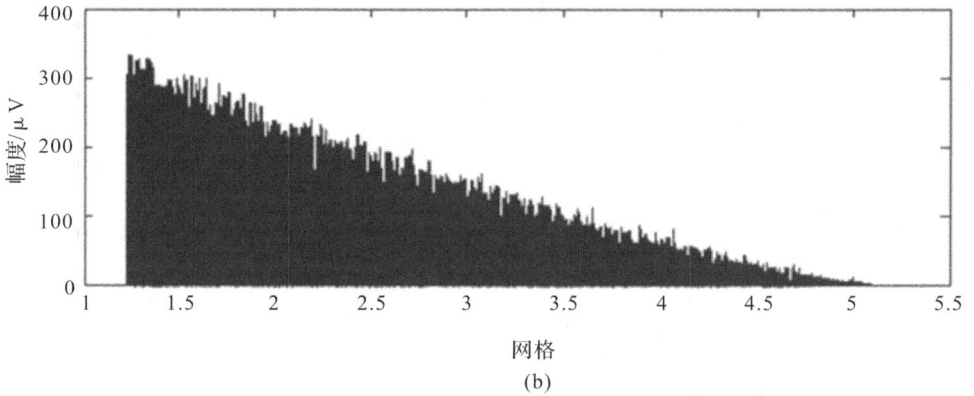

(b)

图 2.11 基于低海况杂波数据的仿真数据直方图

(a)真实海杂波(低海况)；　(b)模拟海杂波(低海况)

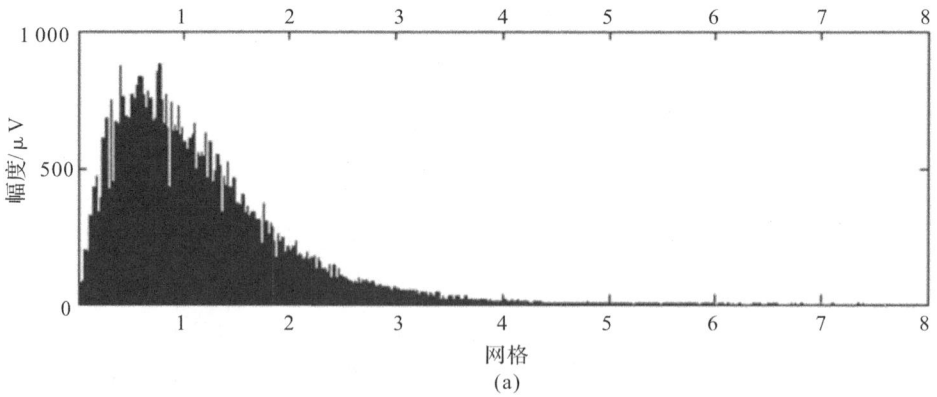

(a)

图 2.12 基于高海况杂波数据的仿真数据直方图

(a)真实海杂波(高海况)

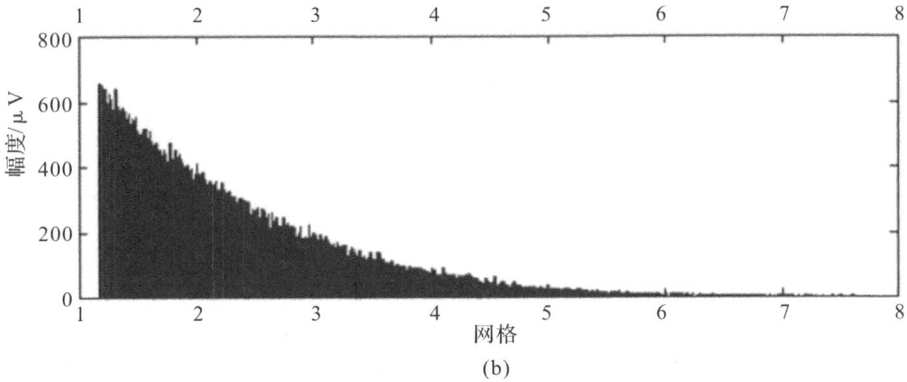

(b)

续图 2.12　基于高海况杂波数据的仿真数据直方图

(b)模拟海杂波（高海况）

2.2.2　基于 log‐normal 分布的海杂波建模

设 x 代表杂波回波的包络分布,则 x 的 log‐normal 分布是

$$f(x) = \frac{1}{\sqrt{2\pi}\sigma x}\exp\left[-\frac{\ln^2(x/x_m)}{2\sigma^2}\right]\qquad(2.5)$$

式中　σ——$\ln x$ 的标准差;

　　　x_m——x 的中值。

运用最大似然估计分别估计低、高海况下的实测海杂波数据的均值与方差,调用 log‐normal 随机数发生器,生成模拟幅度,提取实测数据相位,合成模拟海杂波数据。相应的直方图如图 2.13、图 2.14 所示。由图 2.13、图 2.14 可见,基于 log‐normal 的海杂波数据与实测数据也存在较为明显差距,虽然较好地模拟了"拖尾",但幅度分布过窄。

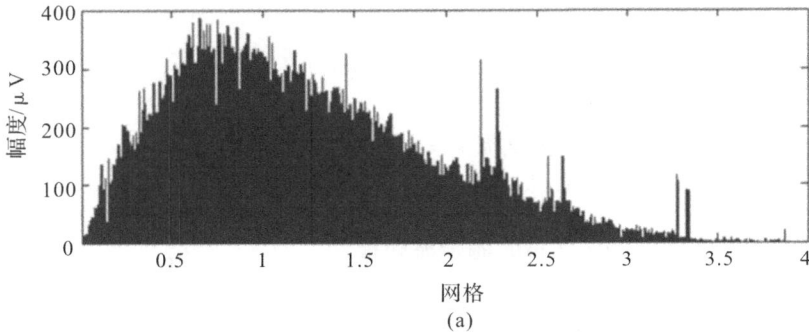

(a)

图 2.13　基于低海况杂波数据的仿真数据直方图

(a)真实海杂波(低海况)

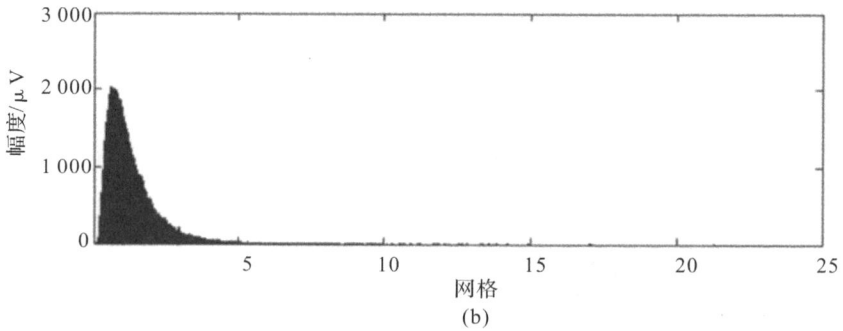

续图 2.13　基于低海况杂波数据的仿真数据直方图

（b）模拟海杂波（低海况）

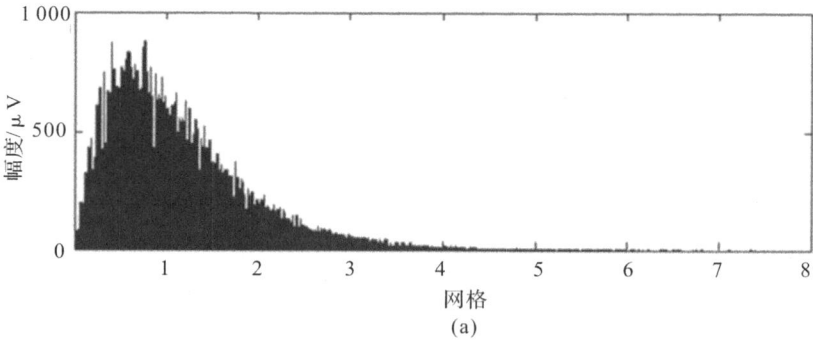

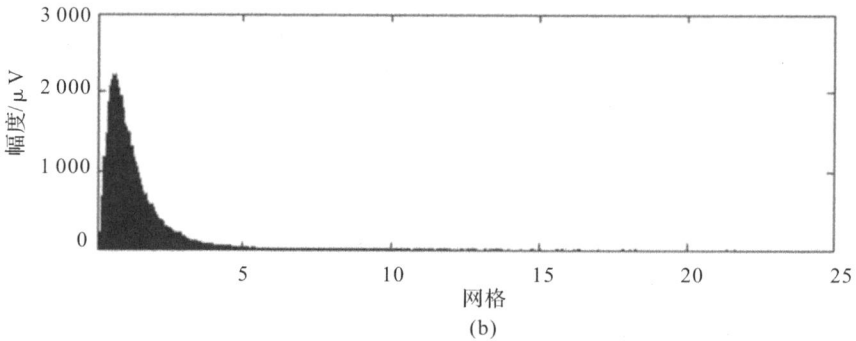

图 2.14　基于高海况杂波数据的仿真数据直方图

（a）真实海杂波（高海况）；（b）模拟海杂波（高海况）

2.2.3　基于 Weibull 分布的海杂波建模

一般来说,对于大多数实验和理论所确定的杂波幅度分布,瑞利分布模型和对数-正态分布模型仅适用于它们中的有限分布。瑞利分布模型一般地倾向于低估实际杂波分布的动态范围,而对数-正态分布倾向于高估实际杂波分布的动态范围。Weibull 杂波分布模型比瑞利分布模型、对数-正态杂波分布模型常常能在更广的环境内精确地表示实际的杂波分布。适当地调整 Weibull 分布的参数，能够使它成为瑞利分布或接近于对数-正态分布。通常，在使用高分辨率雷达、低入射角的情况下，海杂波能够用 Weibull 分布模型精确地描述，地物杂波也能够用韦布尔分布模型描述。

设 x 代表杂波回波的包络振幅，则 x 的 Weibull 分布为

$$f(x) = \frac{\alpha x^{\alpha-1}}{x_m} \exp\left[-(x/x_m)^{\alpha}\right] \tag{2.6}$$

式中　x_m——尺度参数，是分布的中值；

　　　α——分布的形状（斜度）函数。

按照前述方法，用最大似然估计估算出模型参数 α 和 x_m，生成海杂波仿真数据，如图 2.15、图 2.16 所示。基于 Weibull 分布的海杂波模型较好地模拟了真实海杂波的特性，从而证明了该模型对高分辨率雷达，低入射角的情况下对海杂波精确描述能力。

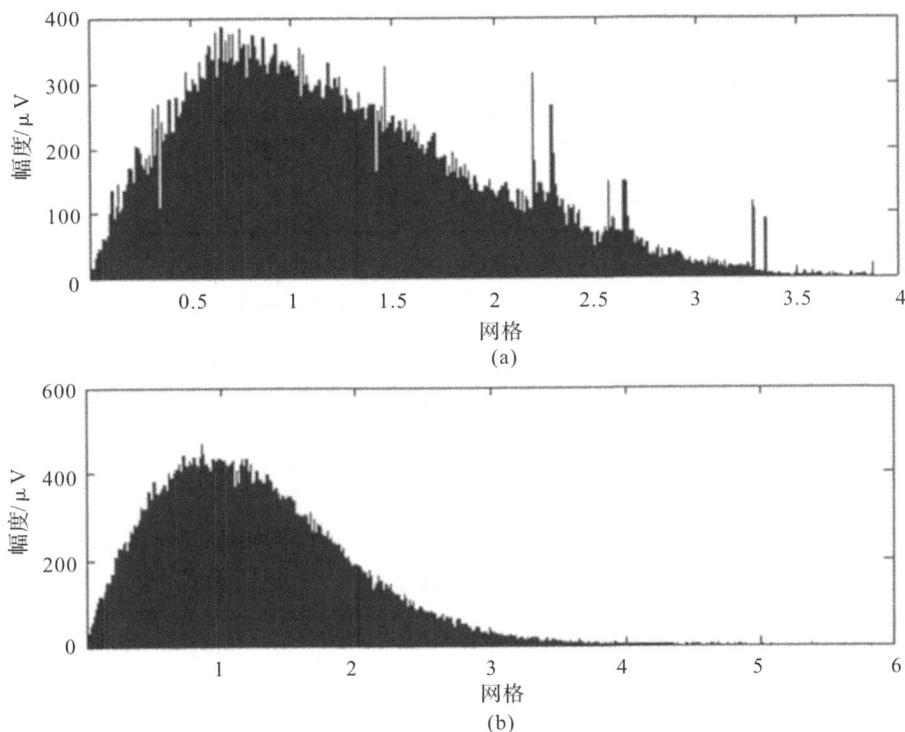

图 2.15　基于低海况杂波数据的仿真数据直方图

(a)真实海杂波(低海况)；　(b)模拟海杂波(低海况)

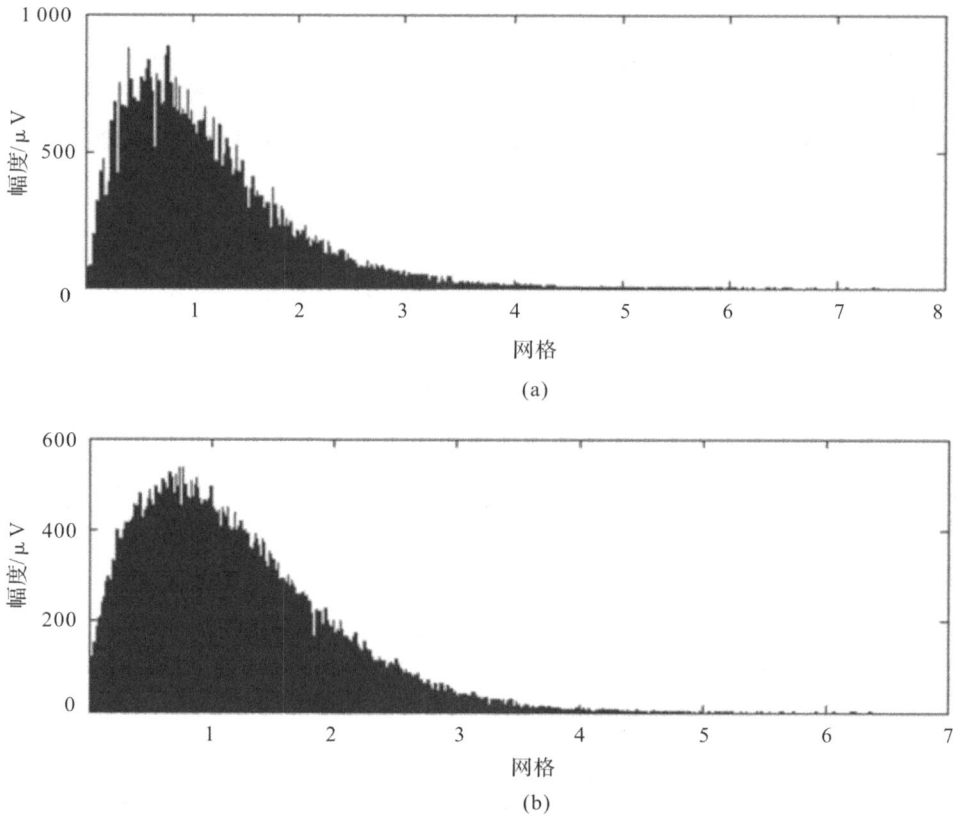

(a)

(b)

图 2.16　基于高海况杂波数据的仿真数据直方图

(a)真实海杂波(高海况)；　(b)模拟海杂波(高海况)

需要指出的是,这里采用的海杂波实测数据恰好满足该模型的适用范围,若不满足低掠角或高分辨率条件,模型误差将随之加大。

2.2.4　基于瑞利(Rayleigh)分布的海杂波建模

在雷达可分辨范围内,当散射体的数目很多的时候,根据散射体反射信号振幅和相位的随机特性,它们合成的回波包络振幅是服从瑞利分布的。以 x 表示杂波回波的包络振幅,以 σ^2 表示它的功率,则 x 的概率密度函数为

$$f(x) = \frac{x}{\sigma^2} \exp\left(-\frac{x^2}{2\sigma^2}\right) \tag{2.7}$$

瑞利分布与每个散射体的振幅分布无关,只要求散射体的数目足够多,并且所有散射体中没有一个起主导作用。需要说明的是,瑞利分布只能代表同一个

距离单元上杂波从这次扫描到下次扫描的变化规律,它不能用来表示同一个扫描过程中杂波回波的振幅分布,这是因为杂波的强度一般都是随着距离的增大而减弱的。对于低分辨率雷达,当高仰角和平稳环境时,瑞利分布的杂波模型可以得到较为精确的结果。但是,随着对雷达杂波分布特性分析的逐步深入,人们发现,对于海浪杂波和地物杂波,瑞利分布模型并不能给出令人满意的结果。特别是随着距离分辨率的提高,杂波分布出现了比瑞利分布更长的"尾巴",即出现高振幅的概率相当大。因此,如果继续采用瑞利分布模型,将出现较高的虚警概率。海浪杂波的分布不仅是脉冲宽度的函数,而且也与雷达极化方式、工作频率、天线视角以及海情、风向和风速等因素有关,地物杂波也受类似因素的影响。对于高分辨率雷达,在低仰角或恶劣海情下,海浪杂波已不服从瑞利分布,而通常能用韦布尔分布来描述。

　　图 2.17、图 2.18 基于瑞利分布的海杂波模型较好地模拟了低海况下海杂波的特性,但对高海况的模拟杂波幅度分布有较大差异。

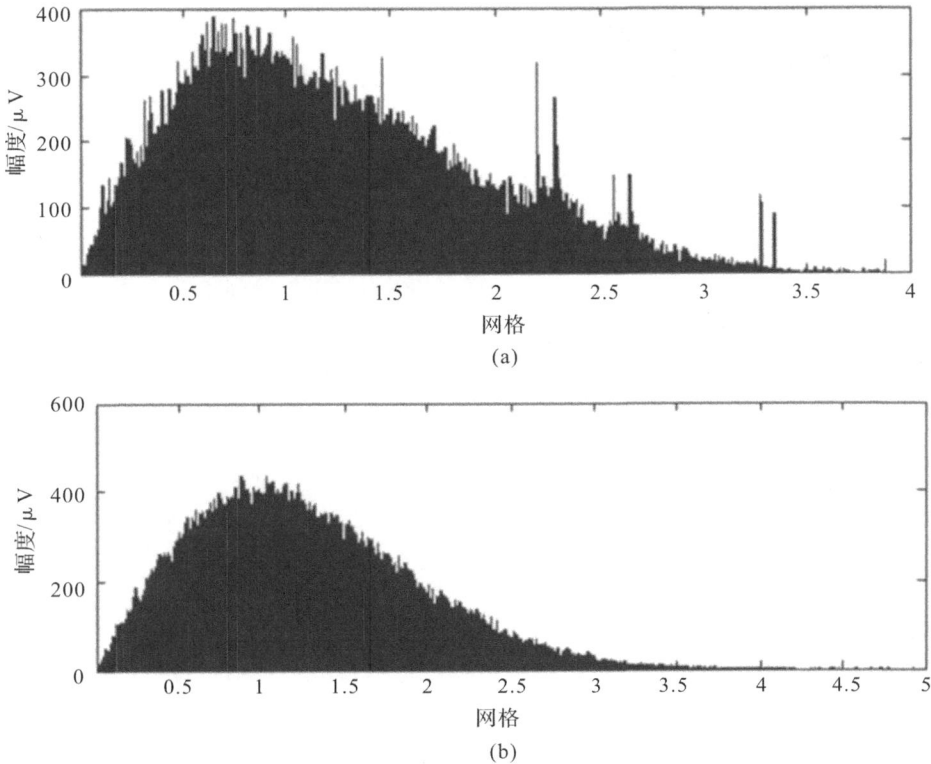

(a)

(b)

图 2.17　基于低海况杂波数据的仿真数据直方图

(a)真实海杂波(低海况);　(b)模拟海杂波(低海况)

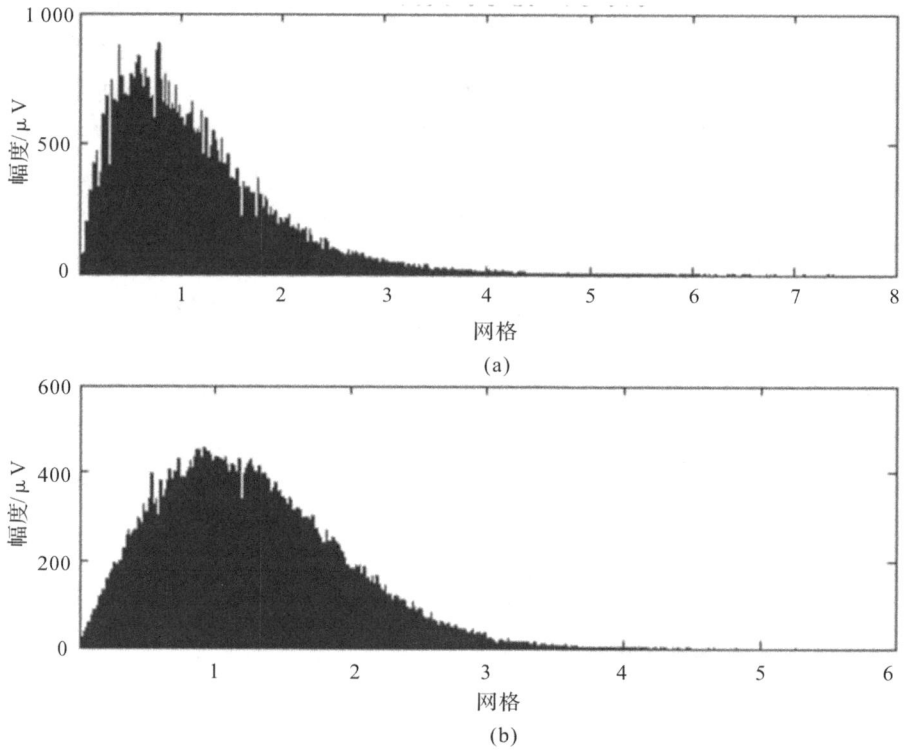

图 2.18　基于高海况杂波数据的仿真数据直方图

(a)真实海杂波(高海况)；(b)模拟海杂波(高海况)

第3章 相空间重构技术

经过研究发现,海杂波具有明显的混沌特性,对混沌时间序列而言,无论是混沌不变量的计算,还是混沌模型的建立和预测都是在所谓的相空间进行,因此相空间重构是混沌时间序列中非常重要的一个步骤,也是后续进行目标检测的基础。

3.1 海杂波信号(时间序列)的混沌动态特性

混沌系统被大多学者认识之前,海杂波一直作为随机过程被人们进行仿真、建模,但随着雷达分辨率的提高,最先进的 K 分布模型经过许多学者不断改进依然无法与实际数据达到理想程度的符合。人们意识到或许海杂波并不是一个随机过程,而是一个混沌过程,而这就需要研究其内在的混沌动态特性来对其进行更深入的了解。本章主要通过 MATLAB 程序仿真分析出海杂波信号确实具有混沌动态特性。

任意给定一个时间序列,如何确定该时间序列是否产生于一个混沌过程呢?当前还没有一个合理的准则可以回答这个问题。而根据混沌学理论的分析,一个时间序列必须满足以下准则才能认为其出自某个混沌过程。该准则归纳如下:

(1)相应过程应该是非线性的。

(2)相应过程的吸引子相关维数 D_2 应该具有分型特性。此外, D_2 应该随着嵌入维数的增加而趋于一个常数值。

(3)产生相应过程的系统的动态特性应该对于初始条件敏感。这意味着相应过程的 Lyapunov 指数中至少有一个为正。最大 Lyapunov 指数决定了时间序列的可预测范围。

(4)为使相应动态系统为耗散(即物理可实现的)系统,相应过程的全部Lyapunov 指数之和应为负。

(5)作为 Lyapunov 谱的副产品,Kaplan-Yorke 维数 D_{KY} 应该在数值上接近相关维数。

(6)系统 Kolmogorov 熵或度量熵,应该是正的和有限的。其数值由其自身的一种计算方法决定,应该接近所有正的 Lyapunov 指数之和。

(7)局部嵌入维数 d_L 不应大于整体嵌入维数 d_E。

经过混沌学的逐渐发展,以及学者对实际时间序列混沌动态特性研究的深入,准则(5)~(7)可以由准则(1)~(4)推出,新加入的准则(5)对于雷达海杂波来说必然是成立的,这是因为海杂波本质上是雷达从海面上接收到的反射回来的回波信号。而这种海杂波信号是实际存在的,显然准则(4)也一定成立,否则其没有存在意义。准则(3)可以自我推导,这是因为 Lyapunov 指数即为表示系统对初始条件的敏感性而存在,那么当最大 Lyapunov 指数为正时,系统即对初始条件敏感,即可证明此时间序列具有混沌特征,而混沌系统是非线性的,准则(1)成立。因此分析一个实际时间序列具有混沌动态特性,需要证明以下两点:

(1)具有有限的相关维数;

(2)最大 Lyapunov 指数为正。

证明以上两点需要对实际时间序列进行相空间重构,即合理选取时间延迟 τ 与嵌入维数 m,然后分析关联维数 D_2 是否有限,并根据 τ 与 m 计算出最大 Lyapunov 指数。

3.2　传统相空间重构方法

通常情况下,实际的时间序列是受到多重因素相互作用、影响所产生的,时间序列一般对应着非线性系统的动力学模型,其相空间在绝大多数情况下是无法确定的,从多维空间一直到无穷维的空间中皆是有可能的,因此对于海杂波信号这类时间序列,例如 $x_{(n)}(n=1,2,3,\cdots,\infty)$,通常将其扩展到三维或者更高维的相空间中,将序列内所蕴含的信息尽可能充分地利用起来。

事实上,充分利用时间序列的信息,也就是将时间序列恢复为原系统。追本溯源,海杂波信号是雷达对于海面反射信号这一非线性系统所观测到的可以表示为 $x_{(n)}(n=1,2,3,\cdots,N)$ 的一维时间序列,利用 Takens 的延迟嵌入定理,可以构造出一组 m 维向量 $\boldsymbol{X}_{(n)}=[x_{(n)},x_{(n-\tau)},\cdots,x_{(n-(m-1)\tau)}]$ $[n=(m-1)\tau+1,\cdots,N]$。如果参数 τ,m 选择恰当,那么 $\boldsymbol{X}_{(n)}$ 可描述原系统。τ 称为延迟时间,m 称为嵌入维数,由 $x_{(n)}$ 构造 $\boldsymbol{X}_{(n)}$ 即是相空间重构,而 τ 与 m 就是可以称作混沌研究基础的相空间重构法所需要求解的最重要的两个参数。同样,计算海杂波信号(一维时间序列)的 Lyapunov 常数必不可少地要先计算出这两个参数,然后进一步计算 Lyapunov 常数。

3.2.1 时间延迟

原则上来讲,只要任一时间序列的数据有无穷多个,而且其信号中没有噪声的干扰,那么无论我们选择任何时间延迟 τ 用于计算都可以。在数据有限,研究更为实际情况下的海杂波信号时,对参数 τ 数值的选取在力图重构代表产生数据的动态系统的吸引子时具有相当重要的实际意义。对于时间延迟的嵌入,时间延迟数值的选取应符合以下规则:

(1)必须是采样间隔 T 的倍数。

(2)时间延迟 τ 不能太短,重构数据向量 $s(n)$ 的坐标 $s(n)$ 和 $s(n+\tau)$ 将不独立。也就是说没有经过足够的时间使系统在其状态空间中演化。

(3)时间延迟 τ 不能太长,由于混沌系统是不稳定的,若 τ 太大,则测量 $s(n)$ 和 $s(n+\tau)$ 相互之间的任何联系都可被看做是任意的。

本书采用自相关函数法来估计最佳的时间延迟。

定义采样数据集 $x_i = x(t_0 + iT)$(式中 T 为采样周期,$i = 1,2,3,\cdots,N_0$)的自相关函数为

$$C(\tau) = \frac{\sum_{k=1}^{N_0} [x(t_0 + kT + \tau)][x(t_0 + kT) - \bar{x}]}{\sum_{k=1}^{N_0} [x(t_0 + kT) - \bar{x}]^2} \tag{3.1}$$

式中 $\bar{x}$ 为均值,定义为

$$\bar{x} = \frac{1}{N_0} \sum_{k=1}^{N_0} x(t_0 + kT) \tag{3.2}$$

经过计算自相关函数在 τ 处具有过零点,应选该值作为时间延迟嵌入的最佳时间延迟;否则,将自相关函数的第一个局部最小点作为最佳时间延迟。

通过将高海况的 100 组海杂波真实数据代入仿真算法中,得到最佳时间延迟 $\tau = 1$;代入 20 组、50 组数据,分别得到最佳时间延迟 $\tau = 9,8$。

3.2.2 嵌入维数

时间延迟嵌入过程中,实现相应动态重构所需元素的最小数目为嵌入维数,用 d_E 表示。为 d_E 寻找一个适当值的过程称为嵌入。嵌入维数 d_E 是一种整体维数,通常,它不同于用于确定所研究系统的真实 Lyapunov 指数数目的局部维数。

确定一个最佳嵌入维数是相空间重构中的另一个重要步骤,时间延迟嵌入

的目的在于将投影展回至一个可以作为原系统的拓扑表示的多变量状态空间中去。Takens 定理表示一个维数为 d_A 的吸引子可被展开至一个维数为 d_E（$d_E = 2d_A + 1$）的空间中去。后来 Sauer 在 1991 年发现对于适当的嵌入，满足关系 $d_E > d_A$ 就足够了。1992 年，Kennel 等证明 Takens 定理只是充分条件，并且他们还证明大家熟悉的 Lorenz 吸引子（$D_2 = 2.06$）可在一个三维（$d_E = 3$）嵌入空间中使用时间延迟方法被嵌。这与 Takens 定理完全不同，该定理要求为嵌入一个 Lorenz 系统，必须使用 $d_E = 5$ 的维数。Kennel 等在 1992 年指出了多余维度的使用不必要地增加了计算的复杂性和由舍入或设备误差引起的噪声污染的可能性，他们提出了一种伪最近邻方法来选取最佳嵌入维数。本书采用优化的 Cao 方法编程计算最佳嵌入维数，具体方法如下：

伪最近邻方法依赖于嵌入定理的几何基础：随着维数增加，吸引子将被展开。轨线上在 $d(d < d_E)$ 维空间中看似接近的点可能会在 $d+1$ 维空间中分开，这些点就是 d 维空间中的"伪"邻点。该方法用于估算当维数 d 增加是"伪"邻点的百分比。令 $S^{NN}(k) = \{S^{NN}(k), S^{NN}(k-1), \cdots, S^{NN}[k+(d-1)\tau]\}^T$ 为 $d-1$ 维空间中 $s(k)$ 的最近邻点，$s(k) = \{s(k), s(k-1), \cdots, s[k+(d-1)\tau]\}^T$。该邻点在 d 维空间中是伪的，若

$$\frac{R_d^2(k)}{R_d^2(k-1)} > R_{t0/1} \tag{3.3}$$

式中　$R_d^2(k)$——点 $s(k)$ 和 $S^{NN}(k)$ 间的欧几里得距离；

　　　　$R_{t0/1}$——判断 d 维空间中接近的邻点是否在 $d+1$ 维空间中已远离的准则。

引入第二条准则是必要的，这是因为最近的邻点可能并非是"靠近的"。随着维度的增加，空间中向量的密度可能会很低，即当增加维数时，信号所占的比例将随之下降，而邻点间的距离将随之增大。如果某个点的最近邻是伪的，但并不接近，那么在维数增加至 $d+1$ 时，二者之间的欧几里得距离将为 $2R_A$，因此，第二条准则为

$$\frac{R_d^2(k)}{R_A^2} > R_{t0/2} \tag{3.4}$$

式中

$$R_A^2 = \frac{1}{N} \sum_{k=1}^{N} [s(k) - \bar{s}]^2 \tag{3.5}$$

$$\bar{s} = \frac{1}{N} \sum_{k=1}^{N} s(k) \tag{3.6}$$

　　只要式(3.4)、式(3.5)任意一个不成立,最近邻点就是伪的。对于一个假想的不含任何噪声的海杂波信号来说,当达到最小嵌入维数 d_E 时,伪最近邻点的数目将变为 0。对于具有噪声的信号,这一数目将显著下降,但可能不会变为 0。

　　此处继续使用前期的 100 组数据进行嵌入维数的计算,利用之前所得时间延迟 $\tau=1$ 代入 Cao 方法程序中,得到 $m=5$,此程序中 m 参数即是嵌入维数 d_E。

　　嵌入维-时间延迟方法能够有效地重构平稳时间序列,但对于具有明显混沌特性的海杂波信号,采用该方法进行重构有可能丢失系统原有的动力学特性,为此本书提出了一种非平稳时间序列状态空间重构方法。

3.3　非平稳时间序列状态空间重构方法

　　引理 3.1　如果非线性动力系统 $\dot{x}=f(x),x\in \mathbf{R}^n=X$ 是 $\mathbf{C}^{\mathrm{T}}(r\geqslant 1)$ 的动力系统,其中 C 为连续函数,r 为系统微分的最高阶数,则 $f(x)$ 有 r 阶微分,且存在 $f(x)\perp f'(x),\cdots,f^{(r-1)}(x)\perp f^{(r)}(x)$。

　　证明　因为 $f(x)$ 为 $\mathbf{C}^{\mathrm{T}}(r\geqslant 1)$ 动力系统,所以在相空间 X 中存在 r 维吸引子及 $f(x)$ 的 r 阶微分。根据微分的几何关系,$f(x)$ 的相邻微分相互正交,因此有结论:$f(x)\perp f'(x),\cdots,f^{(r-1)}(x)\perp f^{(r)}(x)$,但无法保证非相邻阶微分的正交性。

　　引理 3.2　若非线性动力系统为 $\mathbf{C}^{\mathrm{T}}(r\geqslant 1)$ 的动力系统,则 $f(x)$ 的 Hilbert 变换为

$$\dot{x}=f(x),x\in \mathbf{R}^n=X$$
$$u(x)=H[f(x)]=f(x)+i\hat{f}(x) \tag{3.7}$$

式中

$$\hat{f}(x)=P\int_{-\infty}^{\infty}f(\tau)h(x-\tau)\mathrm{d}\tau=P\left[\frac{1}{\pi}\int_{-\infty}^{\infty}\frac{f(\tau)}{x-\tau}\mathrm{d}\tau\right]$$

$f(x)$ 的 Hilbert 变换满足柯西准则,且

$$H\left[\frac{\mathrm{d}^k f(x)}{\mathrm{d}t^k}\right]=\frac{\mathrm{d}^k}{\mathrm{d}t^k}H[f(x)],1\leqslant k\leqslant r \tag{3.8}$$

　　证明　一般情况下,$f(x)$ 的 Hilbert 变换是函数 $h(x)=1/(\pi x)$ 的卷积,因为 $h(x)$ 不可积,所以卷积积分不收敛。在变换中,$H[f(x)]$ 的作用是将 $f(x)$ 的负频率分量旋转 $+90°$ 相位角,正频率分量旋转 $-90°$ 相位角,而 $i\cdot H[f(x)]$ 的作用是将 $f(x)$ 的相位进行翻转,因此 $f(x)$ 经 Hilbert 变换后振幅和频率并不发生变化。

由 Hilbert 变换的微分特性可知,Hilbert 变换的导数等同于导数的 Hilbert
变换:

$$H\left[\frac{\mathrm{d}f(x)}{\mathrm{d}t}\right]=\frac{\mathrm{d}}{\mathrm{d}t}H\left[f(x)\right] \tag{3.9}$$

根据 Leibniz 积分准则,有

$$\frac{\mathrm{d}}{\mathrm{d}c}\int_{a(c)}^{b(c)}f(x,c)\mathrm{d}x=\int_{a(c)}^{b(c)}\frac{\partial}{\partial c}f(x,c)\mathrm{d}x+f(b,c)\frac{\mathrm{d}}{\mathrm{d}c}b(c)-f(a,c)\frac{\mathrm{d}}{\mathrm{d}c}a(c)$$

当 a,b 相对于 c 独立且有限时,有

$$\frac{\mathrm{d}}{\mathrm{d}c}\int_{a}^{b}f(x,c)\mathrm{d}x=\int_{a}^{b}\frac{\partial}{\partial c}f(x,c)\mathrm{d}x$$

$$\frac{\mathrm{d}}{\mathrm{d}t}H\left[f(x)\right]=\frac{1}{\pi}\frac{\mathrm{d}}{\mathrm{d}t}\int_{-\infty}^{\infty}\frac{f(x-\tau)}{\tau}\mathrm{d}t=\frac{1}{\pi}\int_{-\infty}^{\infty}\frac{f'(x-\pi)}{\tau}\mathrm{d}\tau=H\left[f'(x)\right]$$

从引理 3.2 中可知,Hilbert 变换不改变原始动力系统的光滑性,因此 $f(x)$
的连续性和非平稳性能被较好地保留。

定理 3.1 若非线性动力系统 $\dot{x}=f(x)$,$x\in\mathbf{R}^{n}=X$ 是 $\mathbf{C}^{\mathrm{T}}(r\geqslant1)$ 的动力系统,可从 $f(x)$ 的 Hilbert 变换中提取出瞬态相位角 θ:

$$\theta=\arctan\left[\frac{\hat{f}(x)}{f(x)}\right],\theta\in\left[-\pi,\pi\right] \tag{3.10}$$

式中 $f'(x)=\frac{\mathrm{d}}{\mathrm{d}t}f(x)$,则瞬态相位角 θ、角速度 $\dot{\theta}$ 和角加速度 $\ddot{\theta}$ 构成的矢量空间 $[\theta,\dot{\theta},\ddot{\theta}]$ 为 $f(x)$ 的垂直正交状态空间。

证明 arctangent 函数是一个 $[-\pi,\pi]$ 的光滑函数,几乎涵盖了 $f(x)$ 瞬时相位角所有的取值。瞬时相位角 θ 的各阶微分推导过程如下:

$$\dot{\theta}=\left\{\arctan^{-1}\left[\frac{\hat{f}(x)}{f(x)}\right]\right\}'=\frac{1}{1+\left[\frac{\hat{f}(x)}{f(x)}\right]^{2}}=\frac{1}{1+\arctan^{2}\theta}$$

$$=\frac{1}{1+\frac{\sin^{2}\theta}{\cos^{2}\theta}}=\frac{1}{\frac{\sin^{2}\theta+\cos^{2}\theta}{\cos^{2}\theta}}=\cos^{2}\theta \tag{3.11}$$

$$\ddot{\theta}=-2\cos\theta\sin\theta \tag{3.12}$$

$$\dddot{\theta}=2(\sin^{2}\theta-\cos^{2}\theta)=2\left[(1-\cos^{2}\theta-\cos^{2}\theta)\right]=2-4\cos^{2}\theta \tag{3.13}$$

$$\ddddot{\theta}=8\cos\theta\sin\theta \tag{3.14}$$

$$\cdots$$

从等式(3.11)~式(3.14)可知,在 θ 的各阶微分中,仅 θ、$\dot{\theta}$ 及 $\ddot{\theta}$ 相互垂直正

交。当 θ 的微分阶数 $r \geqslant 1$ 时, $d^r(\theta)$ 与 $d^{r+2}(\theta)$ 不正交,即 $\ddot{\theta}$ 与 θ 不正交等。称向量空间 $[\theta,\dot{\theta},\ddot{\theta}]$ 为 $f(x)$ 的正交状态空间。实际上,系统 $\dot{x}=f(x),x\in \mathbf{R}^n=\mathbf{X}$ 的状态变量 x 经常被用来描述向量域中粒子的运动轨迹。现在的问题是状态空间 $[\theta,\dot{\theta},\ddot{\theta}]$ 是否能够准确描述粒子轨迹的动力学特征。

客观地讲, $[\theta,\dot{\theta},\ddot{\theta}]$ 为有限状态空间,仅对维数不高于 3 的动力系统是完备的。但观察式(3.11)~式(3.14)发现,高阶微分(如 $\dddot{\theta}$,…)一直在交替重复其一阶、二阶微分信息,只不过在振幅和偏移量上有所差别。换个角度考虑,则可认为部分高阶微分携带的信息被嵌入了低阶微分中,高阶微分的状态角 θ 是冗余的。因此在某些情况下,利用该状态空间对高阶系统进行重构还是比较适宜的。经实验证明,该方法可较好地重构维数不高于 6 的动力系统。事实上,延迟相空间重构法中的条件 $m>2d+1$,也只是状态空间重构的充分条件,而非必要条件。

与传统相空间重构法不同,本书提出的方法对状态变量 x 采样时间序列的平稳性没有要求。很明显,状态空间 $[\theta,\dot{\theta},\ddot{\theta}]$ 不是"嵌入"的,而是状态变量 x 的动力系统描述形式。

实验 3.1　本实验中的混沌时间序列由 Lorenz 系统生成,其中 $\sigma=16$, $\gamma=45.9$, $b=4$, $[x,y,z]$ 的初值为 $[0.1,0.1,0.1]$。测试中,将 MATLAB 中 ode45 函数生成的 10 000 个点分别赋给 $[x,y,z]$,并截取每个时间序列中最后 500 个点作为被测时间序列。

图 3.1 为在 Lorenz 系统中截取的时间序列的相空间。图 3.2 是利用本章提出的方法对截取的时间序列重构后的状态空间。图 3.3 是图 3.1 中的相点在平面 $[\theta,\dot{\theta}]$ 和 $[\dot{\theta},\ddot{\theta}]$ 上的投影。

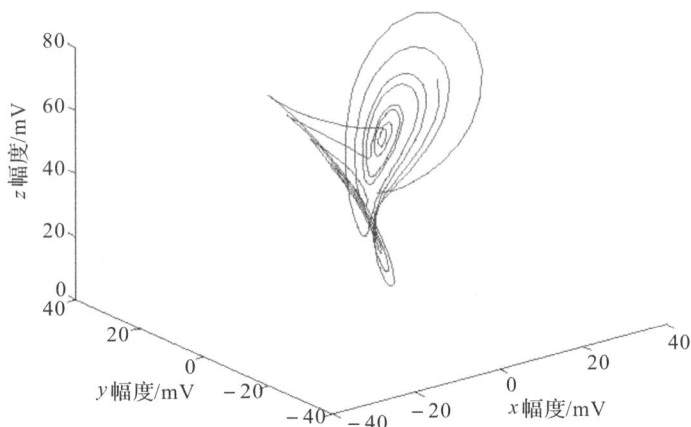

图 3.1　Lorenz 系统的相空间

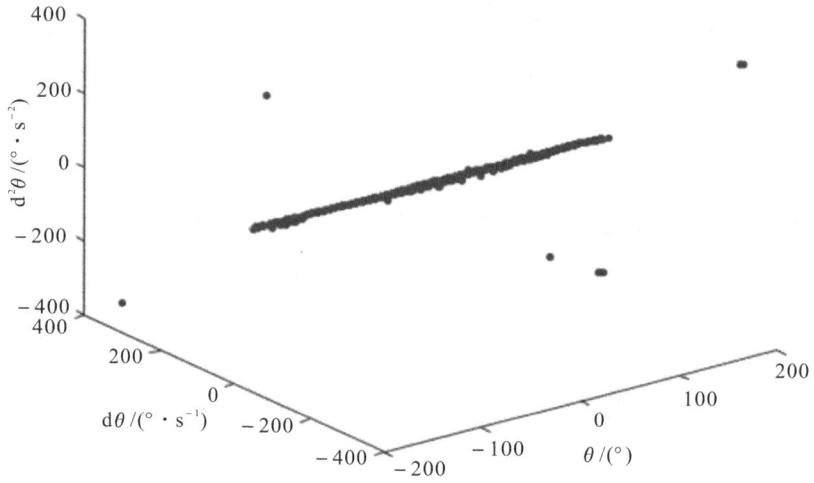

图 3.2　Lorenz 系统的状态空间重构

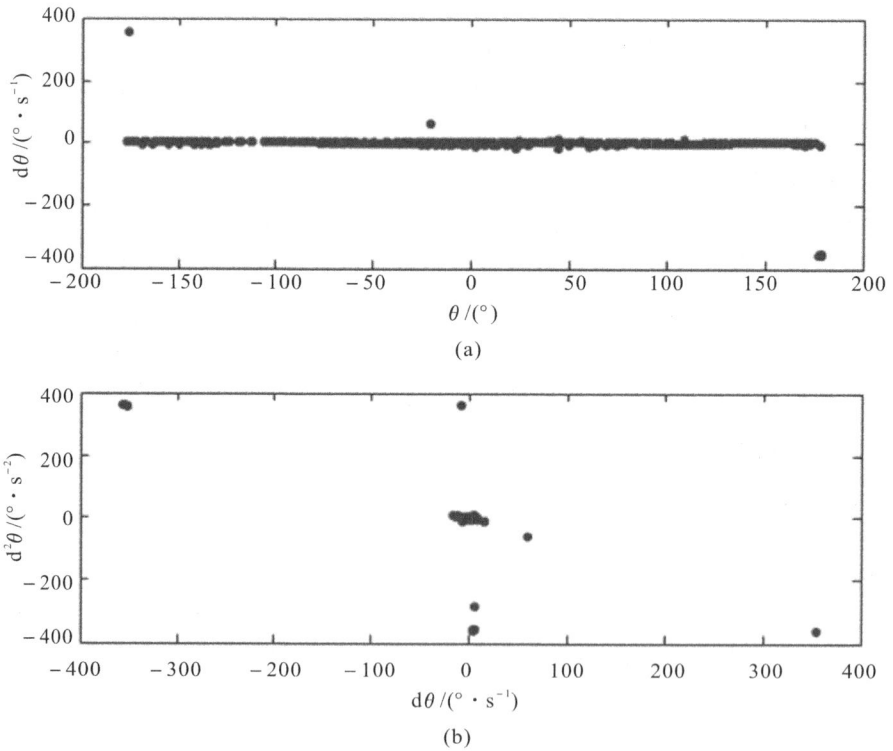

(a)

(b)

图 3.3　Lorenz 系统的相位点在 $[\theta,\dot{\theta}]$ 和 $[\dot{\theta},\ddot{\theta}]$ 上的投影

从图 3.2 中可知,重构后的状态空间为稀疏空间,空间中绝大多数相点沿一条与 θ 轴线重合[见图 3.3(a)]的直线分布,表明该时间序列是由不同尺度的稳定轨线构成,且角速度 $\dot{\theta}$ 及角加速度 $\ddot{\theta}$ 约为零。经计算发现,原系统状态变量 $[x,y,z]$ 的最大 Lyapunov 指数 $\lambda_1 = 0.0507$,而重构后的状态空间最大 Lyapunov 指数 $\lambda_{rss1} = 0.044$,相对误差 13%,基本上能较好地描述原动力系统。

实验 3.2　本实验中的测试信号为典型的非平稳时间信号–线性调频信号:

$$s(t) = e^{j2\pi(f_0 t + \frac{1}{2}kt^2)} \tag{3.15}$$

式中　f_0——初始频率;

　　　k——频率斜率。

该信号的时间序列由 MATLAB 中 chirp$(N, f_0, f_i, \text{linear})$ 函数生成,采样频率为 $f_s = 60$ MHz,初始频率 $= 0.1f_s$,目标频率 $f_i = 0.4f_s$,长度 $n = 2\,048$。该线性调频信号的 FFT 频谱和时域波形如图 3.4 所示。

重建后的状态空间如图 3.5 所示,图 3.6 为相点在平面 $[\theta, \dot{\theta}]$ 和 $[\dot{\theta}, \ddot{\theta}]$ 上的投影。

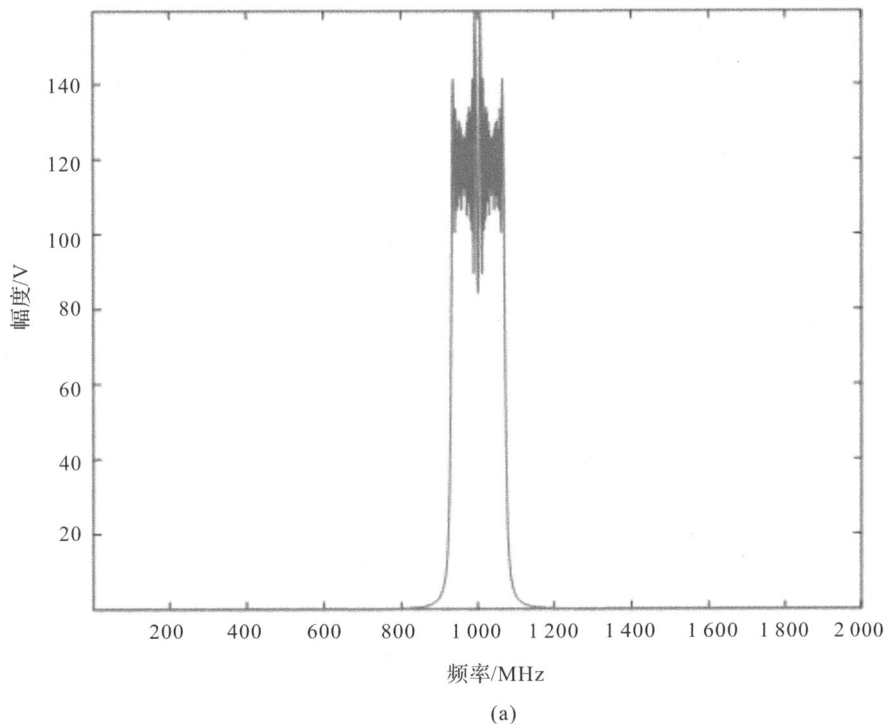

(a)

图 3.4　线性调频信号的 FFT 频谱和时域波形

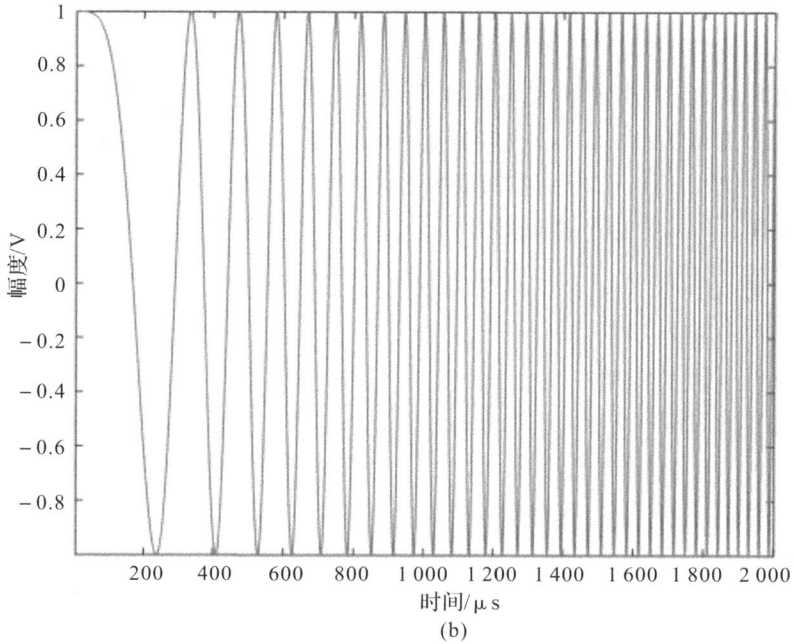

(b)

续图 3.4 线性调频信号的 FFT 频谱和时域波形

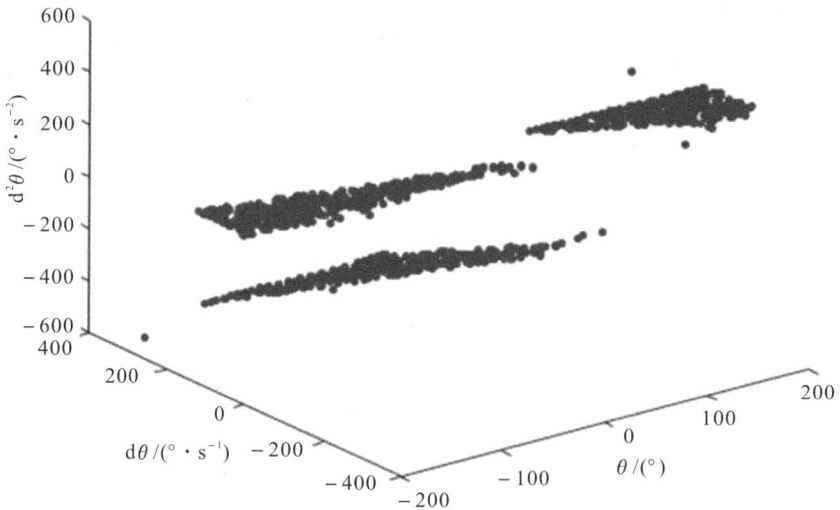

图 3.5 线性调频信号的状态空间重建

观察图 3.5 可知,线性调频信号经状态空间重构后,相点主要分布在 3 个不同的区域(吸引子),其中一个区域上的相位点的 $\dot{\theta}$ 均为正值,另外两个区域上的

相位点的 $\dot{\theta}$ 均为负值。观察图 3.6(a)可以发现，两个区域之间的间隔为正、负相点的绝对误差，其反映了线性调频信号的调频斜率变化，斜率的频率变化越快，间隔就越大。这两个区域形状相似，因为两个区域的相位点都是以线性的方式进行变化，但相位点的数目又不相同。这是因为该线性调频信号的调频斜率为正，正相点分布面积要大于负相点的面积，反之亦然。

再观察图 3.6(b)，其主要由三条平行线构成，表明每一段线具有恒定的角加速度 $\ddot{\theta}$。理想情况下，线性调频信号具有恒定的幅值，其瞬态相位角 $\theta = f_0 t + \frac{1}{2}kt^2$，$\dot{\theta} = f_0 + kt$，因此 $\ddot{\theta} = k$。但被测的 Chrip 信号是不理想的线性调频信号，k 大致有三段不同的值（即 k 为分段变化的），其幅值不是常数并随机变化，如图 3.4(b)所示，因此造成被测 Chrip 信号为多组分的调频信号。分段频率调制导致该线性调频信号具有瞬时混沌运动，基于提出的状态空间重构方法计算得到的最大 Lyapunov 指数是 $\lambda_1 = 0.004\,7$，这表明被测线性调频信号具有弱混沌特性，即由于其幅度随机变化，因而造成该信号是一个规律和不规则的混合体。

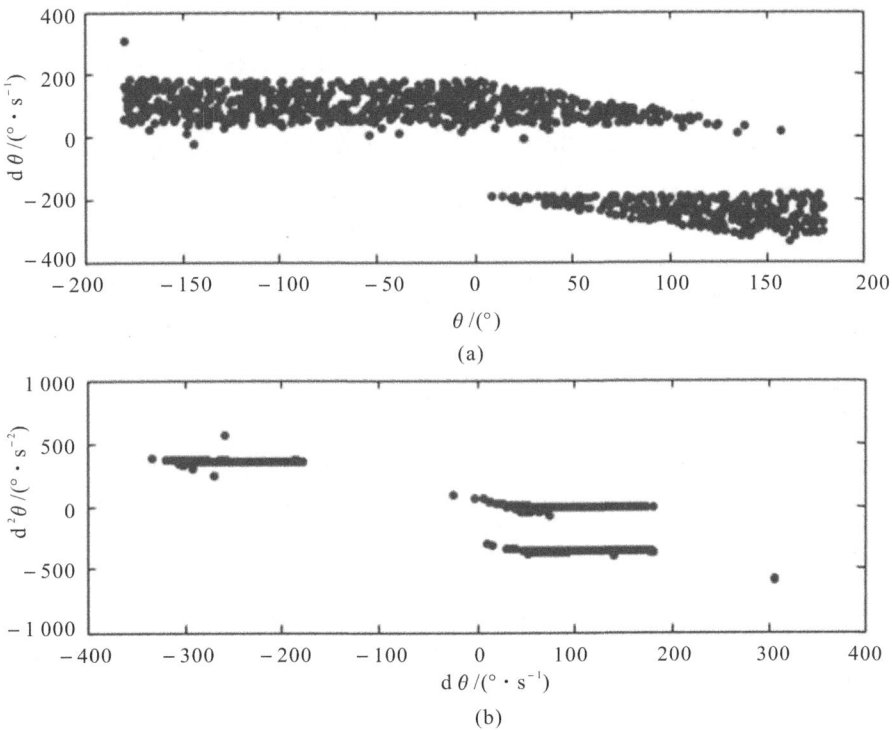

(a)

(b)

图 3.6　相点"粒子"在平面 $[\theta, \dot{\theta}]$ 和 $[\dot{\theta}, \ddot{\theta}]$ 的投影

第4章 基于多尺度有向 Lyapunov 指数的目标检测方法

海杂波背景下弱小目标检测方法的研究由来已久,在民用领域内被用于检测海面漂浮物(浮冰、小型船舶和飞行器残骸等),为民用船舶导航和海上搜救等提供技术支持。在军事领域中,该方法被用于探测海上具有隐身特性的舰船、潜艇潜望镜和贴近海面飞行的飞行器等,传统的做法是将海杂波视为一种复杂的平稳随机过程,通过大量的观测数据建立统计学意义上的概率模型,如 Weibull 分布、log‐Normal 分布和复合 K 分布模型等,进而利用成熟的检测方法实现目标检测。然而,对海杂波平稳性的假设是建立在短观测时间基础上的,为提高弱小目标的检测概率,雷达不得不延长对目标区域的观测时间,以提高经过相干积累后的目标回波能量,但是随观测时间的延长,海杂波将不再是平稳随机过程,尤其是在高海况情况下,将海杂波设定为平稳随机过程会造成较大的测量误差。

为解决上述问题,学界进行了大量的研究工作,已有一定数量的研究成果。经典的解决方案是对雷达回波的统计学特性进行动态跟踪,按特性相近的原则对其进行分段处理,在工程层面上解决了部分问题,但随着海况的提高,雷达回波数据的分段越来越短,最终与短时观测的情形无本质的差异,致使对弱小目标探测时仍存在较高的虚警概率、较低的发现概率,因此,基于统计学特性的信号处理方法在高海况条件下已不满足工程的需要,必须另辟蹊径,从理论方法层面解决这一难题。

为了克服上述现有技术的缺点,有学者在研究中提出了一种基于"多尺度有向 Lyapunov 指数"的海杂波背景下弱小目标检测方法。根据非线性系统理论,学者将海杂波背景下的弱小目标检测转化到高维空间的信号处理问题,采用状态空间重构的方法再现海杂波的非线性和非平稳特性,提出"多尺度有向 Lyapunov 指数"的概念与算法,并将其应用到强海杂波掩盖下的弱小目标检测。

4.1　Lyapunov 指数

对于混沌系统来说,耗散是一种整体性的稳定因素。一方面动力系统作为耗散系统最终要收缩到相空间的有限区域即吸引子上;另一方面系统在相体积收缩的同时,运动轨道又是不稳定的,要沿某些方向进行指数分离。奇怪吸引子的不稳定运动轨道在局部看来总是指数分离的。为了有效刻画吸引子,就有必要研究动力系统在整个吸引子或无穷长的轨道上平均后的特征量,如 Lyapunov 指数、关联维数和 Kolmogorov 熵等。混沌运动的基本特点是运动对初始条件极为敏感,两个极为靠近的初始值所产生的轨道,随着时间推移按指数方式分离,Lyapunov 指数就是描述这一现象的量。

4.1.1　Lyapunov 指数的基本概念

Lyapunov 指数是衡量系统动力学特性的一个重要定量指标,它表征了系统在相空间中相邻轨道间收敛或发散的平均指数率。对于系统是否存在动力学混沌,可以从最大 Lyapunov 指数是否大于零非常直观地判断出来:一个正的 Lyapunov 指数,意味着在系统相空间中,无论初始两条轨线的间距多么小,其差别都会随着时间的演化而呈指数率增加以致最后达到无法预测,这就是混沌现象。

Lyapunov 指数对应着混沌系统的初始值敏感性,它与吸引子有如下关系:

(1)任何吸引子,不论是否为奇怪吸引子,都至少有一个 Lyapunov 指数是负的,否则轨线就不可能收缩为吸引子。

(2)稳定定态和周期运动(以及准周期运动)都不可能有正的 Lyapunov 指数。稳定定态运动的 Lyapunov 指数都是负的;周期运动的最大 Lyapunov 指数等于 0,其余的 Lyapunov 指数都是负的。

(3)对于任何混沌运动,都至少有一个正的 Lyapunov 指数,如果经过计算得知系统至少有一个正的 Lyapunov 指数,那么可肯定系统在做混沌运动。

4.1.2　一维 Lyapunov 指数

一维动力系统为

$$x_{n+1} = F(x_n) \tag{4.1}$$

在式(4.1)中,初始两点迭代后互相分离还是靠拢,关键取决于导数 $\dfrac{\mathrm{d}F}{\mathrm{d}x}$ 的值。若 $\dfrac{\mathrm{d}F}{\mathrm{d}x} > 1$,则迭代使得两点分开;若 $\dfrac{\mathrm{d}F}{\mathrm{d}x} < 1$,则迭代使得两点靠拢。但是,在

不断的迭代过程中，$\dfrac{\mathrm{d}F}{\mathrm{d}x}$ 的值也随之而变化，呈现出时而分离，时而靠拢的性质。为了表示整体上相邻两个状态变化情况，必须对时间（或迭代次数）取平均。设平均每次迭代所引起的指数分离的指数为 λ，于是原来相距为 ε 的两点经过 n 次迭代后的距离为

$$\varepsilon \mathrm{e}^{n\lambda(x_0)} = \left| F^n(x_0+\varepsilon) - F^n(x_0) \right| \tag{4.2}$$

取极限 $\varepsilon \to 0, n \to \infty$，则式（4.2）变为

$$\lambda(x_0) = \lim_{n \to \infty} \lim_{\varepsilon \to 0} \frac{1}{n} \ln \left| \frac{F^n(x_0+\varepsilon) - F^n(x_0)}{\varepsilon} \right| = \lim_{\varepsilon \to \infty} \frac{1}{n} \ln \left| \frac{F^n(x_0)}{\mathrm{d}x} \right|_{x=x_0} \tag{4.3}$$

式（4.3）变形后，可简化为

$$\lambda(x_0) = \lim_{n \to 0} \lim_{\varepsilon \to \infty} \frac{1}{n} \sum_{i=0}^{n-1} \ln \left| \frac{F^n(x_0)}{\mathrm{d}x} \right|_{x=x_0} \tag{4.4}$$

式（4.4）中的 λ 与初始值选取没有关系，被称为动力系统的 Lyapunov 指数，它表示系统在多次迭代中平均每次迭代所引起的指数分离中的指数。若 $\lambda < 0$，则意味着相邻点最终要靠拢合并成一点，这对应于稳定的不动点和周期运动；若 $\lambda > 0$，则意味着相邻点最终要分离，对应于轨道的局部不稳定，如果轨道还有整体的稳定因素（如整体有界、耗散、存在捕捉区域等），系统要在有限的几何对象上实现指数分离，就必须进行无穷次折叠并形成混沌吸引子，故 $\lambda > 0$ 可以作为混沌行为的一个判据。

4.1.3 n 维 Lyapunov 指数

对于一般的 n 维动力系统，设 F 为 $\mathbf{R}^n \to \mathbf{R}^n$ 上的 n 维映射，假设一个 n 维离散动力系统

$$x_{n+1} = F(x_n) \tag{4.5}$$

将系统的初始条件取为一个无穷小的 n 维小球，由于演化过程中的自然变形，圆球将变成椭球。将椭球上所有主轴按其长度顺序排列，那么第 i 个 Lyapunov 指数根据第 i 个主轴长度 $P_i(n)$ 的增加速率定义为

$$\lambda(x_0) = \lim_{n \to \infty} \frac{1}{n} \sum_{i=0}^{n-1} \ln \left| \frac{P_i(n)}{P_i(0)} \right|, \quad i = 1, 2, \cdots, n \tag{4.6}$$

Lyapunov 指数与相空间中轨线收缩或扩张的性质相关联，在 Lyapunov 指数小于零的方向上轨线收缩，运动稳定，对于初始值不敏感；而在 Lyapunov 指数为正的方向上，轨道迅速分离，对初始值敏感。Lyapunov 指数的前 j 个指数之和由前 j 个主轴定义的 j 维体指数增加的长期平均速率确定。如椭球长度按 e^{σ_1} 增加，由前两个主轴定义的区域面积按 $\mathrm{e}^{\sigma_1+\sigma_2}$ 增加，由前三个主轴定义的体积按

$e^{\sigma_1+\sigma_2+\sigma_3}$ 增加，依此类推。在 Lyapunov 指数谱中，最小的 Lyapunov 指数决定轨道收缩的快慢，最大的 Lyapunov 指数则决定轨道发散即覆盖整个吸引子的快慢，而所有的指数之和 $\sum\lambda_i$ 可认为大体上表征了轨线总的平均发散快慢。

4.2　Lyapunov 指数谱的计算方法

在已知动力学微分方程的情况下，经过理论推导或对微分方程离散化再采用数值迭代算法，就可以得到已知动力学系统的精确 Lyapunov 指数谱。算法的基本原理是首先求解出系统常微分方程的近似解，然后对系统的雅可比矩阵进行 QR 分解，同时对多个小时间段进行必要的正交化重整过程，反复迭代计算后从而得到系统的 Lyapuxlov 指数谱。

设动力学系统由如下方程决定：

$$\dot{x}=F(x) \tag{4.7}$$

并考虑轨道相邻两点 X 和 $X'(\S=X-X')$，将式(4.7)线性化得

$$\dot{\S}=T(X(t))\cdot\S \tag{4.8}$$

$\S$ 是切平面上的切矢量，将式(4.8)积分有

$$\S(t)=A'\S(0) \tag{4.9}$$

式中，A' 是切向量 $\S(0)$ 到 $\S(t)$ 的线性映射算子，因此得到平均指数增长率为

$$\lambda[X(0),\S(0)]=\lim_{t\to\infty}\frac{\|\S(t)\|}{\|\S(0)\|} \tag{4.10}$$

对于重构相空间中的某一点 X_i，与 X_i 点距离小于 $\S$ 的所有点为 $X_k(i=1,2,\cdots,d)$，它们的位移矢量为

$$\{\boldsymbol{X}_i\}=\{X_{ki}-X_i\mid\|X_{ki}-X_i\|\leqslant\varepsilon\} \tag{4.11}$$

经过一段时间 t 后，数据点演化为

$$X_i-X_{i+t},X_{k_i}-X_{k_i+t} \tag{4.12}$$

因此原位移矢量 $\{\boldsymbol{Y}_i\}$ 映射为

$$\{\boldsymbol{Z}_i\}=\{X_{ki+t}-X_{i+t}\mid\|X_{ki}-X_i\|\leqslant\varepsilon\} \tag{4.13}$$

如果半径 ε 足够小，则位移矢量 $\{\boldsymbol{Y}_i\}$ 和 $\{\boldsymbol{Z}_i\}$ 可近似为切平面上的切矢量，因此从 $\boldsymbol{Y}_i$ 到 $\boldsymbol{Z}_i$ 的矩阵 A_j 满足

$$\boldsymbol{Z}_i=\boldsymbol{A}_i\boldsymbol{Y}_i \tag{4.14}$$

使用最小二乘法，可以求得式(4.14)中的矩阵 $\boldsymbol{A}$，应用 QR 分解矩阵 $\boldsymbol{A}$，同时在不同的时间段内进行必要的 Crram-Schmidt 正交化重整过程，即可得到所需的 Lyapunov 指数 $\lambda_i(i=1,2,\cdots,d)$。

4.3　基于多尺度 Lyapunov 指数的目标检测方法

4.3.1　设计思路

由于对海观测雷达在大时间尺度所接收的回波呈现出非线性、非高斯和非平稳特性,首先将回波数据进行希尔伯特变换,求得回波数据的瞬时相位角 θ,而后计算瞬时相位角的一阶、二阶微分 $\dot{\theta},\ddot{\theta}$,构造回波数据的状态空间矩阵 $[\theta,\dot{\theta},\ddot{\theta}]$;在此基础上,按一定尺度将状态空间分割成互不相交的子矩阵,计算每个子矩阵的协方差矩阵,对协方差矩阵进行特征值分解,提取主特征值 σ_{ip} 和对应的特征向量 v_{ip},计算相邻协方差矩阵主特征向量之间的夹角 ψ_i,定义(σ_{ip}, ψ_i)为雷达回波数据的有向 Lyapunov 指数;根据不同分割长度计算得到的(σ_{ip}, ψ_i)构成雷达回波数据的多尺度有向 Lyapunov 指数,该指数能够准确描述海杂波的非线性、非高斯和非平稳特性,并对海上弱小目标与海面在运动特性、电磁波散射特性之间的差异敏感,通过计算多尺度有向 Lyapunov 指数的波动特征可以准确检测海杂波背景下的弱小目标。具体流程如图 4.1 所示。

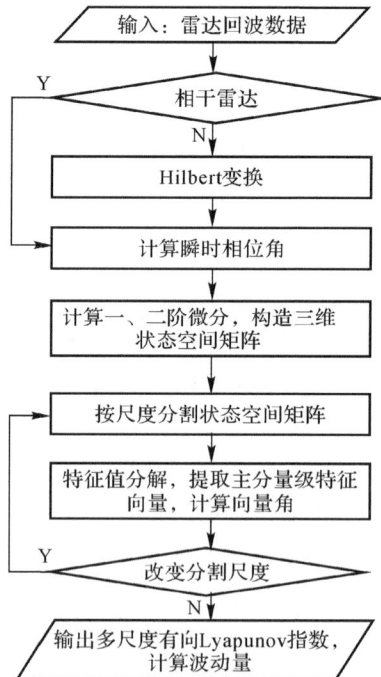

图 4.1　多尺度有向 Lyapunov 指数的目标检测算法流程图

4.3.2　算法描述

(1)对于非相干雷达回波,按顺序执行(2),反之转(3)。

(2)对雷达回波数据进行 Hilbert 变换,生成 I、Q 数据序列。

(3)计算回波数据瞬时相位角 θ。

(4)计算瞬时相位角 θ 的一阶、二阶微分 $\dot{\theta},\ddot{\theta}$,构造回波数据的状态空间矩阵 $[\theta,\dot{\theta},\ddot{\theta}]$;其中,$\theta$ 的一阶微分是雷达回波的瞬时频率、二阶微分是瞬时频率的变化率。状态空间矩阵为完备正交矩阵,不失真地反映了雷达回波中海杂波的非线性、非高斯和非平稳特性。

(5)按一定尺度将雷达回波数据状态空间矩阵分割为一系列子矩阵 $\boldsymbol{X}_i$。

(6)计算各子矩阵的协方差矩阵 $\boldsymbol{C}_i = \boldsymbol{X}_i^{\mathrm{T}} \boldsymbol{X}_i$,对各协方差矩阵进行特征值分解,提取主特征值 σ_{ip} 和对应的特征向量 $\boldsymbol{v}_{ip}$,计算相邻协方差矩阵主特征向量 $\boldsymbol{v}_{ip},\boldsymbol{v}_{ip+1}$ 之间的夹角 $\psi_i = \arccos\left(\dfrac{\boldsymbol{v}_{ip}^{\mathrm{T}} \boldsymbol{v}_{ip+1}}{\|\boldsymbol{v}_{ip}\|\|\boldsymbol{v}_{ip+1}\|}\right)$,定义 (σ_{ip},ψ_i) 为雷达回波数据的有向 Lyapunov 指数。

(7)给出新的分割尺度,返回(5)。如果对回波数据状态空间矩阵的多尺度分析满足要求,则不再给出新的分割尺度,进入(8)。

(8)计算各尺度有向 Lyapunov 指数 (σ_{ip},ψ_i) 的波动量:

1)对主特征值 σ_{ip} 去偏,得

$$Y(i) = \sum (\sigma_{ip} - \langle \sigma_{ip} \rangle)$$

式中　$\langle \sigma_{ip} \rangle$——主特征值的均值。

2)提取 $Y(i)$ 的趋势,得

$$Y_v(i) = \sum_{k=1}^{m} C_k i^{m-k}$$

式中　$C_k = \mathrm{polyfit}[L,Y(i),m]$;

　　　L——分割尺度;

　　　m——多项式拟合阶数。

3)计算波动量,得

$$\mathrm{RMS}(m) = \sqrt{[Y(i) - y_v(i)]^2}$$

对夹角 ψ_i 做同样的处理。

(9)分别对各个尺度有向 Lyapunov 指数 (σ_{ip},ψ_i) 的波动量设置目标检测门限,超出门限的波动量即为检测到的目标,其对应的距离和瞬时速度可由雷达回

波所处的 rangbin 及其回波数据状态空间矩阵的 θ 确定。

4.3.3 算法实现

1. 海杂波的状态空间重构

设雷达所接收的海杂波信号产生于一个非线性、非平稳系统,即

$$\dot{x} = f(x), x \in \mathbf{R}^n$$

经过对状态变量 x 采样量化,所获得的一维时间序列:

$$\{x_i\}, i = 1, 2, \cdots, N$$

若雷达是非相干体制,则需要对时间序列进行希尔伯特变换,得

$$u(x) = H[f(x)] = f(x) + i\hat{f}(x)$$

若雷达是相干体制,则所接收的回波信号在雷达终端已转化为 I、Q 序列,不需要进行希尔伯特变换。

提取雷达回波的瞬时相位角:

$$\theta = \arctan\left[\frac{\hat{f}(x)}{f(x)}\right], \theta \in [-\pi, \pi]$$

求相位角 θ 的一、二阶微分 $\dot{\theta}, \ddot{\theta}$,构造回波数据的状态空间矩阵 $[\theta, \dot{\theta}, \ddot{\theta}]$。

2. 多尺度有向 Lyapunov 指数(MSDLE)及其波动量计算

(1)多尺度有向 Lyapunov 指数(MSDLE)。对于一个非平稳时间序列 $Y = \{y_i\}(i = 1, 2, \cdots, N)$ 按照式(4.15)进行高维状态空间重构后,时间序列转化为向量形式:

$$\boldsymbol{X} = [\theta, \dot{\theta}, \ddot{\theta}]_{(N-2) \times 3} \tag{4.15}$$

将状态空间 $\boldsymbol{X}$ 化分为不相交的子矩阵 $x(j)_{S \times 3}(j = 1, 2, \cdots, M)$,式中 $M = \text{floor}[(N-2)/L]$,选择一尺度 L,且 $L = 2^k[k = 1, 2, \cdots, P, 2^P \leqslant (N-2)/2]$,则 $x(j)$ 的协方差矩阵

$$\boldsymbol{C}(j) = \boldsymbol{x}(j)_{L \times 3} \boldsymbol{x}(j)_{L \times 3}^{\mathrm{T}} \tag{4.16}$$

式中　$\mathbf{T}$——转置矩阵;

$\boldsymbol{C}(j)$——$L \times L$ 方阵。

对 $\boldsymbol{C}(j)$ 进行特征分解:

$$[\boldsymbol{V}(j), \boldsymbol{D}(j)] = \text{eig}[\boldsymbol{C}(j)] \tag{4.17}$$

可以获得 L 个特征值 σ_i 和对应的特征向量 $\boldsymbol{v}_i$。提取其中的主分量值 σ_{ip} 和对应的特征向量 $\boldsymbol{v}_{ip}$。

$$\sigma_L = \frac{\sigma_j}{\sum\limits_{j}^{L} \sigma_j}, \quad j = 1, 2, \cdots, L \tag{4.18}$$

式中　σ_L——降序排列。

当 σ_L 的值不小于 0.9，且满足条件（$N < L$）时，即可确定主元素 σ_{ip} 中数量 L。然后从 $V(j)$ 中提取对应的特征向量 V_{ip}，计算相邻协方差矩阵 $C(j)$ 和 $C(j+1)$ 的主特征向量 v_{ip}, v_{ip+1} 之间的夹角 ψ_i：

$$\psi_i = \arccos\left(\frac{v_{ip}^{\mathrm{T}} v_{ip+1}}{\|v_{ip}\| \|v_{ip+1}\|}\right) \tag{4.19}$$

定义（σ_{ip}, ψ_i）为雷达回波数据的有向 Lyapunov 指数，改变分割尺度 L 并重复式（4.16）～式（4.19）的计算过程，可得到海杂波多尺度有向 Lyapunov 指数。

由于海杂波具有非线性、非高斯和非平稳特性，其多尺度有向 Lyapunov 指数表现出明显的波动性，当海杂波中包含弱小目标时，在目标处将出现明显的差异，所以，提取多尺度有向 Lyapunov 指数的波动性可实现弱小目标的检测。

（2）波动量。波动量计算步骤如下：

1）对主特征值 σ_{ip} 去偏，得

$$Y(i) = \sum (\sigma_{ip} - \langle \sigma_{ip} \rangle) \tag{4.20}$$

式中　$\langle \sigma_{ip} \rangle$——主特征值的均值。

2）提取 $Y(i)$ 的趋势 $Y_V(i)$，得

$$Y_V(i) = \sum_{k-1}^{m} C_k^{i^{m-k}} \tag{4.21}$$

式中　$C_k = \mathrm{polyfit}\,[L, Y(i), m]$；

　　　　L——分割尺度；

　　　　m——多项式拟合阶数。

3）计算波动量，得

$$\mathrm{RMS}(m) = \sqrt{\frac{1}{L} \sum_{i=1}^{L} \left[Y(i) - y_v(i)\right]^2} \tag{4.22}$$

对夹角 ψ_i 做同样的处理即可得到夹角 ψ_i 的波动量。

（3）基于双门限的目标检测。由于特征值 σ_{ip} 的波动量对海杂波与目标在动力学特性的差异敏感，而夹角 ψ_i 的波动量对海面与目标的电磁波散射特性的差异敏感，可运用统计学方法分别对 σ_{ip} 和角 ψ_i 的波动量值设置门限，作为检测的依据，检测目标位置等参数信息。

（4）仿真验证。实验中,我们使用的是 IPIX 雷达 17♯ 测量文件的数据集,这里面的目标是一个包裹着铁丝网的球形泡沫塑料,目标直径 1 m,主要位于第 9 个距离单元内,在第 8～11 个距离单元内也可见(次要目标)。文件 17♯ 总共涉及 14 个距离单元,海杂波数据长度为 131 072(16 MB)。平均目标杂波比在 [0,6]dB 范围内变化,HV 极化方式。

仔细观察图 4.2(b),可发现在原点中心附近有一个凸起的截面,这说明存在小浮动目标,其运动速度比海浪慢。

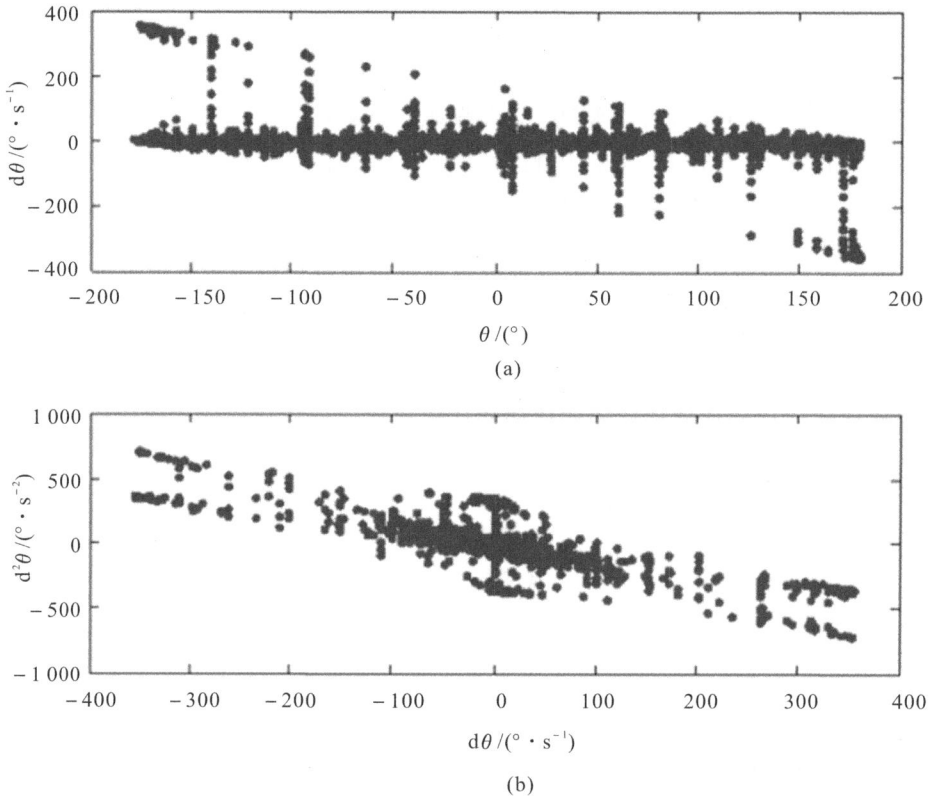

(a)

(b)

图 4.2　距离单元 9 中海杂波状态空间重构点图:在[θ,dθ]和[d$^2\theta$]平面中的相点投影

设置时间尺度为 $L=[2^8,2^9,2^{10},2^{11}]$,在每个距离单元内计算相应的波动均方根值 RMS($m=3$)。图 4.3 描述了 σ_1 曲线的波动。每条曲线上出现一个下凹,下凹的宽度和深度均与尺度 L 有关,即 L 越小,下凹越宽越深。下凹点的极值基本都在距离单元 9 上,这恰恰是目标点的位置。

图 4.4 是 ψ_1 的波动曲线,可以发现与图 4.3 中的 σ_1 曲线恰好相反,在距离

单元 8 到 11 处有凸出部分,但随着尺度 L 增加,ψ_1 的凸出波动逐渐消失。

图 4.5、图 4.6 分别是 σ_2 的波动曲线和 ψ_2 的波动曲线。

对比图 4.3～图 4.6 可发现,(σ_2,ψ_2) 曲线的波动反映了低频段的海浪和目标的后向散射变化,即对应于 1 型波(重力波)和浮动目标的运动和后向散射特性。当雷达波束覆盖的单元距离上没有目标时(见图 4.4),σ_1 曲线的波动相对平坦,这也意味着重力波运动较为平坦,其后向散射变化不大。当雷达波束遇到目标时,由于目标运动比 1 型海浪要慢,这时 σ_1 曲线的波动会突然降低,而由于球形目标的散射效应,ψ_1 曲线波动则上升到最大。同样,(σ_2,ψ_2) 曲线的波动可能对应于 2 型波。由于 2 型波表面更复杂,σ_2 的曲线波动在海浪和目标的边界处很敏感,参考图 4.6 中两个峰值出现在单元距离 8 和 12 之间。由于 2 型波和目标截然不同的区别,ψ_2 曲线波动甚至高于 ψ_1 曲线,分别参阅图 4.4 和图 4.6 中的 $L=2^8$。

通过测试结果我们得到了两个重要的启示:

(1)对于弱目标检测,尺度 L 的取值需要仔细斟酌;

(2)选择合适的尺度 L 后,利用 MSDLE 的波动,采用双阈值可进行目标的检测。一方面需要设置较低的阈值来定位凹点的极值,另一方面则需要设置较高的阈值来捕捉峰值的位置。

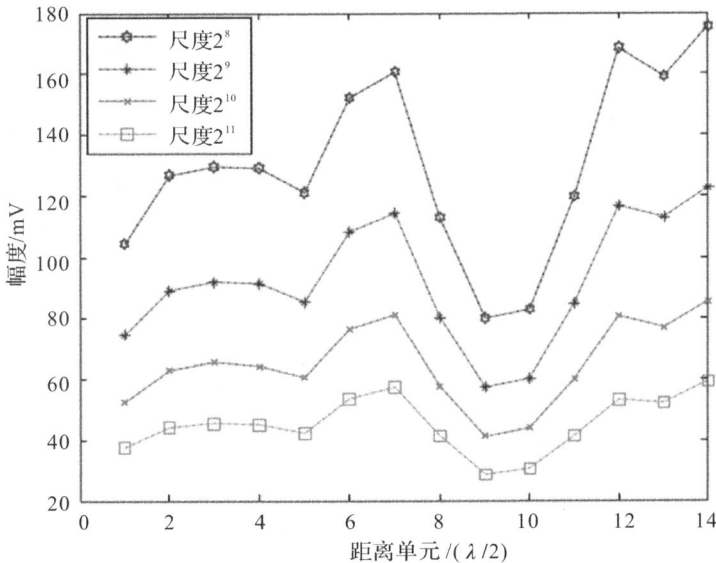

图 4.3　从距离单元 1～14 的海杂波 σ_1 的波动曲线

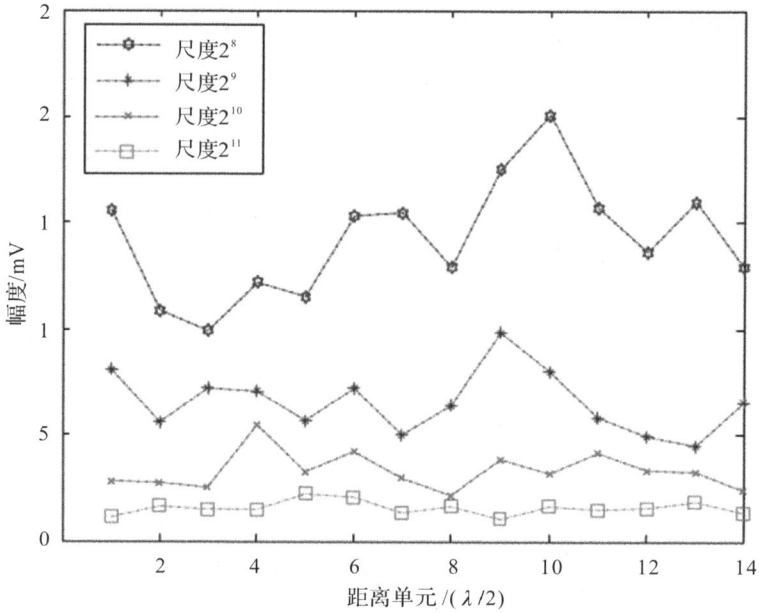

图 4.4　从距离单元 1～14 的海杂波 ψ_1 的波动曲线

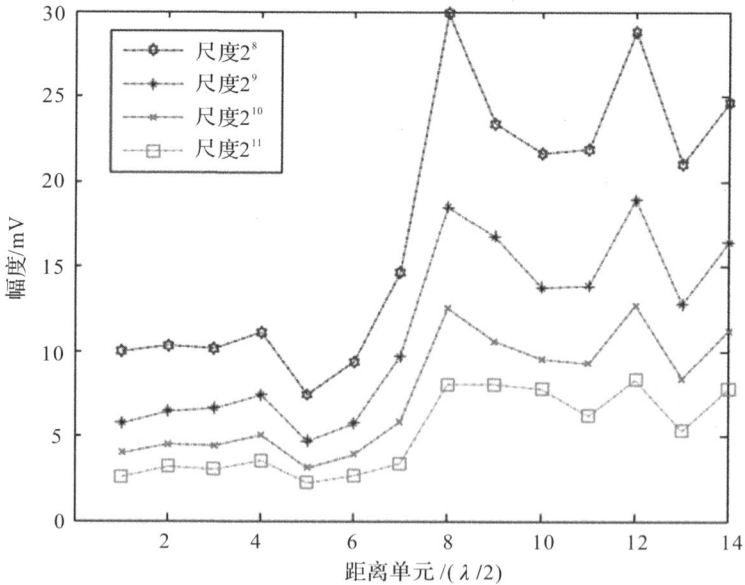

图 4.5　从单元距离 1～14 的海杂波 σ_2 的波动曲线

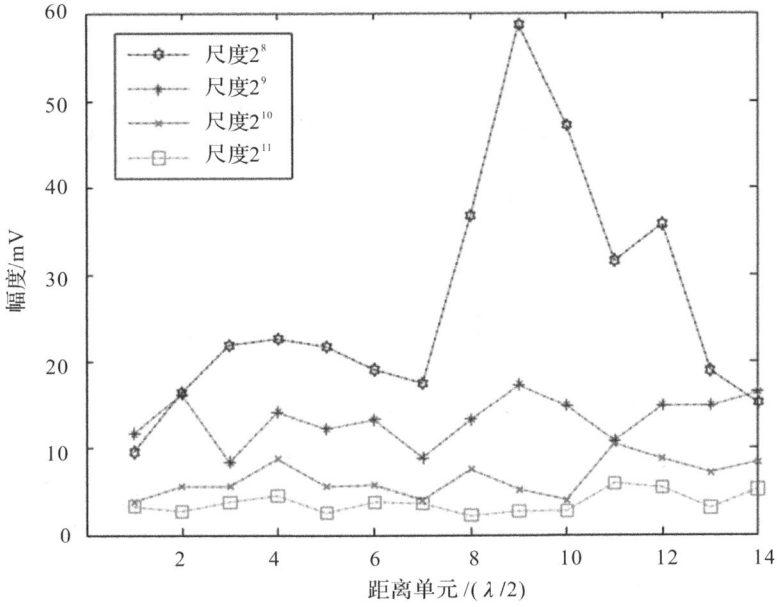

图 4.6　从单元距离 1～14 的海杂波 ψ_2 的波动曲线

第5章　基于自适应滤波的多目标检测方法

海杂波具有较强的非线性、非平稳和非高斯等特性,这导致很多传统的基于统计学模型的目标检测方法适应性不强。为解决上述问题,学者们提出了自己的解决方法,例如:Wu 提出了一种基于奇异谱分析的海面小目标检测方法;陈泽宗等提出了一种利用 SVD - FRFT 滤波的海杂波压制方法;翟东奇等提出了基于非线性自适应滤波器的海杂波抑制技术;张海英等提出了一种基于改进的快速聚类分段的海杂波中弱小目标检测方法;郎海涛等针对高分辨 SAR 图像目标识别问题,提出了一种基于像素聚类的舰船目标检测方法;Su 提出了基于混沌理论、径向基神经网络及 K -均值(K - means)聚类的海杂波预测方法;针对海杂波的非平稳混沌特性,马红光等提出了一种非平稳混沌时间序列相空间重构方法,并在此基础上提出一种基于多尺度有向 Lyapunov 指数的海杂波中弱小目标检测方法。

上述方法的共同特点是不再依赖海杂波的统计学模型,有效克服了传统方法的不足,但存在计算复杂度较高、部分方法需要运用大量人为标定的训练数据集,这些问题仍是其工程应用的桎梏。为此,本章提出一种基于自适应滤波的海杂波背景下目标检测方法。

5.1　多目标检测方法设计思路及步骤

基于自适应滤波的海杂波背景下目标检测方法不依赖任何目标先验知识,可自动区分海杂波和目标回波,设计思路如图 5.1 所示。

具体计算步骤为:

(1)以雷达扫描整个监测海面的回波为对象,根据对海观测雷达天线转动速度 Ω_E、雷达的波束方位宽度 θ_A 和脉冲重复频率 PRF,计算每个方位向回波脉冲数量:

$$n_p = \frac{\theta_A}{\Omega_E} \mathrm{PRF} \tag{5.1}$$

（2）按照 n_p 将雷达扫描整个监测海面的回波脉冲 N 等分为 N_{bin} 个方位向单元回波，构成对应各个方位向的回波矩阵 $\boldsymbol{X}_i$，$\boldsymbol{X}_i$ 为 $n_p \times n_t$ 的矩阵（$i = 1$，2，$\cdots$，N_{bin}），$N_{bin} = \mathrm{floor}\left(\dfrac{N}{n_p}\right)$，$\mathrm{floor}(\bullet)$ 为取整函数，n_t 为回波脉冲采样点数。

（3）计算回波矩阵 $\boldsymbol{X}_i$ 的协方差矩阵：

$$\boldsymbol{C} = \boldsymbol{X}_i \boldsymbol{X}_i^{\mathrm{H}} \tag{5.2}$$

式中　H——回波矩阵的共轭转置；

　　　C——$n_p \times n_p$ 的正定 Hermitian 矩阵。

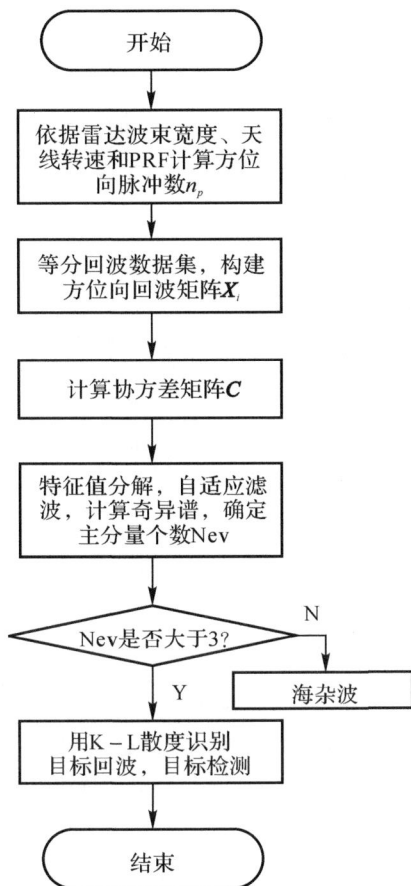

图 5.1　算法流程图

（4）对协方差矩阵进行特征值分解，得

$$[\boldsymbol{V} \boldsymbol{D}] = \mathrm{eig}(\boldsymbol{C}) \tag{5.3}$$

式中　　D——对角矩阵,其对角线元为 C 的特征值;

　　　　V——各列为各个特征值对应的特征矢量。

　　(5)提取 D 的对角线元,按降序重排 C 的特征值,并相应调整 V 各列的位置,计算奇异谱,得

$$\sigma_j = \frac{d_j}{\sum_{j=1}^{n_p} d_j} \tag{5.4}$$

式中　　d_j——重新排序后 C 的特征值。

　　(6)对回波矩阵进行自适应滤波:

$$X_i = V^{\mathrm{T}} X_i \tag{5.5}$$

式中　　T——矩阵转置。

　　选择一个门限 T_{hr},将满足 $\sigma_j \geqslant T_{\mathrm{hr}}$ 的特征值个数 N_{ev} 作为主分量(Principal Component,PC),将其余特征值作为次分量(Minor Component,MC),将滤波后的回波 X_i 分为 S_p 和 S_m。

　　(7)若 $N_{\mathrm{ev}} \leqslant 3$,判定回波 X_i 为海杂波,反之,对 S_p 和 S_m 做进一步处理(S_m 可用于弱小目标检测)。

　　(8)采用最大似然依次估算 S_p(或 S_m)各行的 Pareto 分布模型参数 (a,b),得

$$f_x(x) = \frac{x^{n_t-1} b^a \Gamma(n_t+a)}{(b+x)^{n_t+a} \Gamma(n_t) \Gamma(a)} \tag{5.6}$$

式中　　x——回波的瞬时幅度;

　　　　n_t——回波脉冲采样点数;

　　$\Gamma(\cdot)$——伽马分布函数;

　　　　a——形状参数;

　　　　b——尺度参数。

　　利用估计的模型参数 (a,b),通过 Pareto 随机数发生器生成与回波信号等长的随机序列 y,采用 Kullback-Leibler(K-L)散度识别目标回波脉冲:

$$d(P_x, Q_y) = \sum_{i=1}^{n_t} P_x(i) \log(\frac{P_x(i)}{Q_y(i)}) \tag{5.7}$$

式中　　P_x——回波信号幅度的概率密度函数;

　　　　Q_y——随机序列 y 的 Pareto 分布函数。

　　将 K-L 散度最大值对应的回波信号识别为目标回波。

　　(9)采用 Matlab 的 findpeaks 函数确定目标所在距离:

$$[\text{psk},\text{locs},w,P]=\text{findpeaks}[S_x(i,:),'\text{Minpeakprominence}',\text{min}P] \quad (5.8)$$

式中　　　　　　　$x=p(\text{或}m)$；

　　　　　　　i——回波矩阵；

　　　　　S_p、S_m——目标回波所在的行号；

'Minpeakprominence'——最小峰值显著性；

　　　　　$\text{min}P$——最小峰值显著性；

　pks、locs、w、P——分别为被确认有效的谱峰高度、位置、宽度和显著性。

最小峰值显著性的估计方法是,首先用没有最小峰值显著性约束的 findpeaks 测量回波信号的全部峰值显著性 P,计算 P 的均值 μ 和标准离差 σ,令

$$\text{min}P=\mu+n\sigma,n\in[1,3] \quad (5.9)$$

可得自适应 $\text{min}P$,确保目标检测门限值的合理性。

(10)重复(2)~(9),即可获得整个监测海面上目标的位置。在(3)回波矩阵 $\boldsymbol{X}_i$ 中,每一行对应一个回波基带信号的采样值 $v_i=x_i+\mathrm{j}y_i$,回波的瞬时相位 $\theta_i=\arctan(y_i/x_i)$,所构造的协方差矩阵 $\boldsymbol{C}$ 的对角线元为每个回波脉冲瞬时功率 $a_{mi}^2=x_i^2+y_i^2(i=1,2,3,\cdots,n_p)$,非对角线元 $c_{ik}=a_{mi}a_{mk}\mathrm{e}^{\mathrm{j}(\theta_i-\theta_k)}(i\neq k)$,保留了回波的瞬时幅度、相位特征与脉冲间的相干特性,经步骤(4)~(6)后,所得到是根据海杂波与目标回波在幅度和相位上的不同而进行的信号正交分离的结果,与仅从回波幅度特征区分杂波与目标的方法相比具有明显优势。

在步骤(6)(7)中,选择门限 T_{hr} 和确定区分海杂波与目标回波的原则是所提方法的核心问题。对大量海杂波数据的研究表明,海杂波主要由布拉格(Bragg)、白冠(Whitecap)和突发(Burst)散射形成,其中,Bragg 散射为入射电波在海面产生的谐振现象,在海表面毛细管状波和海浪重力波这两个不同尺度的波长上都会发生。在一定的海况下,海浪会按其运动周期发生后向散射,来自多个海面波的回波就会进行相干叠加形成雷达接收的回波,是海杂波的主要成分。白冠是由波浪上端变窄下端变宽后形成类似劈状的结构而产生的散射。但并非所有劈状结构都能形成白冠散射,只有在劈状结构破碎后才形成白冠,因此白冠在海杂波中所占比例较低。突发散射是由即将破碎的波浪面产生的后向散射,波面在破碎前形状呈陡峭的平面状,由此产生较强的镜面反射。突发散射在 HH 极化下具有很强的功率;但在 VV 极化下,海面动态结构形成的多径效应使得突发散射变得极其微弱,有时候甚至可以忽略。图 5.2 为烟台养马岛实验场实测海杂波的奇异谱。

由图 5.2 可知,Bragg 散射占比 80% 以上,白冠散射占 10%~20%,而突发散射的占比在 0.01% 左右。因此,门限 $T_{\mathrm{hr}}=0.001$ 是我们在实验中选取主分

量的门限。

主分量个数 $N_{ev} \leqslant 3$ 时,回波矩阵 $\boldsymbol{X}_i$ 中不包含目标,反之,回波矩阵 $\boldsymbol{X}_i$ 中包含目标。图 5.3 为烟台养马岛海杂波数据 20200722150408_798_scanning. mat 的主分量数量 N_{ev} 在雷达扫描方位向的变化情况。$T1$ 脉冲为雷达工作于"模式 2"发射的第 1 个单载频脉冲(载频 $f_c = 9.3$ GHz,脉宽 $\tau = 40$ ns),$T2$ 脉冲为雷达工作于"模式 2"发射的第 2 个 LFM 脉冲(载频 $f_c = 9.3$ GHz,脉宽 $\tau = 3\ \mu$s,调频斜率 $K = 75$),2 个脉冲瞬时带宽相同,均为 $B_w = 25$ MHz,脉冲重复频率 PRF $= 1.6$ kHz,天线水平波束宽度 $\theta_A = 1.2°$,天线转速 $\Omega_E = 24$ r/min,因此,各方位向的脉冲数 $n_p = 14$。由图 5.3 的实验结果可知选择 $N_{ev} \leqslant 3$ 作为目标检测的门限是合理的。

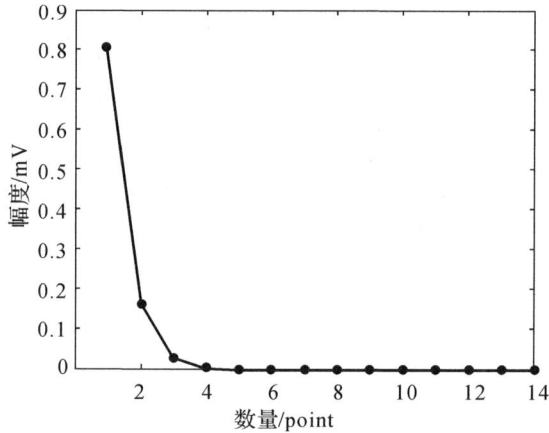

图 5.2　实测海杂波的奇异谱

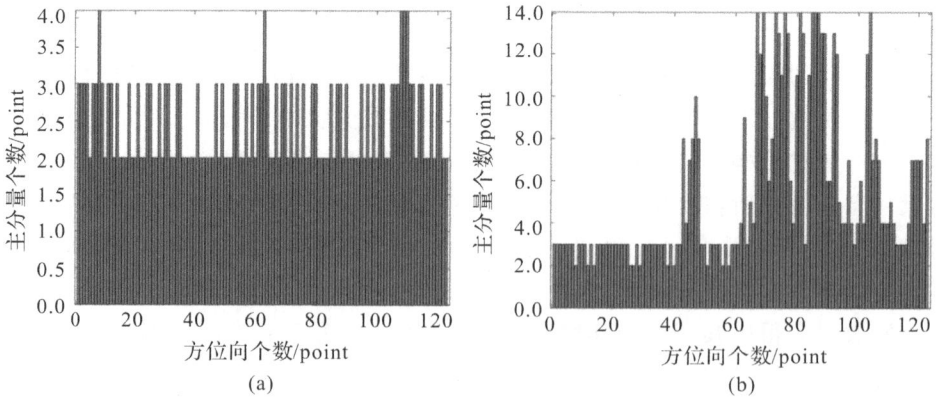

图 5.3　回波矩阵主分量数量柱状图
(a)T1 脉冲;　(b)T2 脉冲

在确定回波中包含目标之后,从自适应滤波后的回波中识别目标回波是所提方法的创新点之一。传统方法主要是在欧氏空间通过计算幅度之间的差异来区分海杂波与目标回波,虚警和漏报概率较高。相较于传统方法,采用信息几何方法处理这一问题有明显的优势,海杂波与目标回波被视为黎曼空间中随机流形上的点集,利用 K - L 散度可正确估算随机流形上点之间的差异,具有稳定可靠的识别率。

在步骤(8)中,需要分别估计每个滤波后回波的 Pareto 分布模型参数(a,b),图 5.4 为滤波后回波 Pareto 分布模型参数(a,b)随方位向变化的曲线,为准确判断回波属性,需要分别估计其模型参数,生成对应的 Pareto 随机序列,降低误判概率。

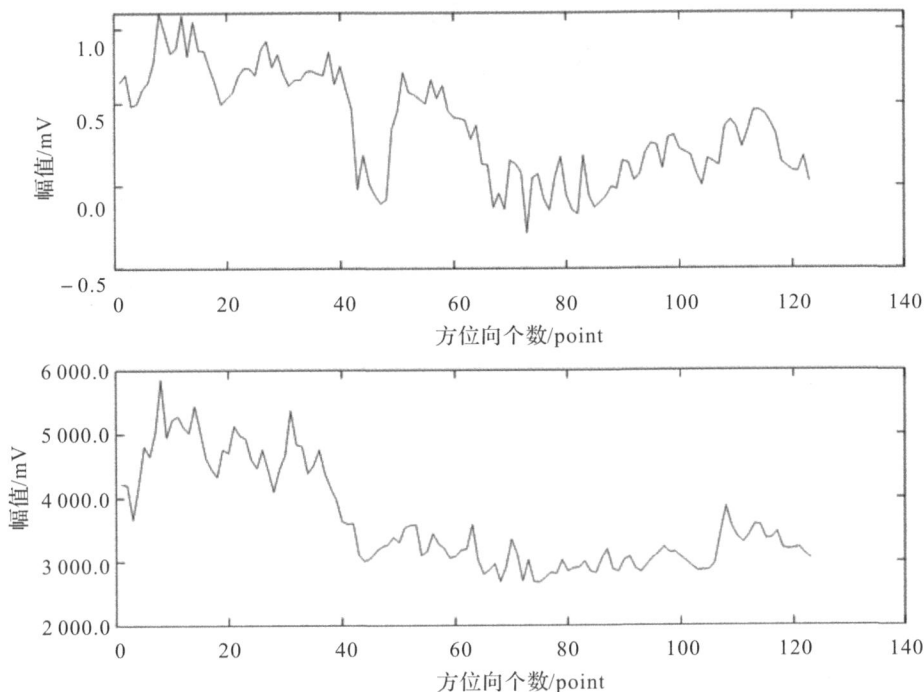

图 5.4　Pareto 分布模型参数(a,b)在方位向的变化图

在步骤(9)中,采用回波信号中最小峰值显著性 $minP$ 作为检测目标的门限,峰值显著性 $P = pks/w$,即峰值高度与宽度之比,这一门限综合考查峰值高度和宽度,并根据回波的动态特性自适应地调整门限,在确保对目标可靠检测的同时还可以有效降低"海尖峰"造成的虚警概率,使整个目标检测过程具有恒虚警检测特性。

5.2 结果仿真及有效性分析

为验证所提方法的有效性,对 2020 年 7 月 8 日 15 h04 min08 s 在烟台养马岛实验场实测海杂波数据集 798~808 进行了实验研究,每个数据集的目标检测结果基本一致,这里仅给出 20200722150408_798_scanning.mat 的结果。

表 5.1、表 5.2 仅给出回波矩阵主分量对应的目标检测结果,其中方位角为回波矩阵对应方位角的均值。表 5.1 为 T1 脉冲回波全部的目标检测结果,观察滤波后的回波可知,T1 回波存在较强的近程杂波,为此,将距离小于 2 km 的目标判断为近程杂波,如图 5.5 所示。

表 5.1　T1 脉冲主分量回波目标检测结果

方位角/(°)	近程杂波峰值位置/km	目标位置/km
295.14	0.172,0.342,0.432,0.677,1.277,1.386,1.96	4.849,10.775
5.65	0.192,0.342,0.487,0.602	6.730
63.42	0.147,0.282,0.392,0.467,0.512,0.552,0.777	7.400
64.70	0.127,0.287,0.487,0.612,0.717,0.782	

表 5.2　T2 脉冲主分量回波部分目标检测结果

方位角/(°)	近程杂波峰值位置/km	目标位置/km
345.10	0.474,0.909,1.009,1.199,1.274,1.484,1.554,1.784	16.743
5.65		6.365,11.252,12.046,12.536,13.031,13.066,13.116,13.171,13.495,13.641,13.826,13.851,13.886
62.15		7.025,8.120,13.730,14.760,17.980,18.020
64.70	1.170,1.964	7.055,13.730,13.835,14.450,14.490,14.745,14.890,14.955
67.25	1.879	14.300,14.585,14.630,14.715,16.330,16.363,16.540,16.660
76.23	1.154,1.27,1.344,1.38,1.449	15.864,16.543
77.53	1.294,1.344,1.384,1.494	12.901,20.730,21.246

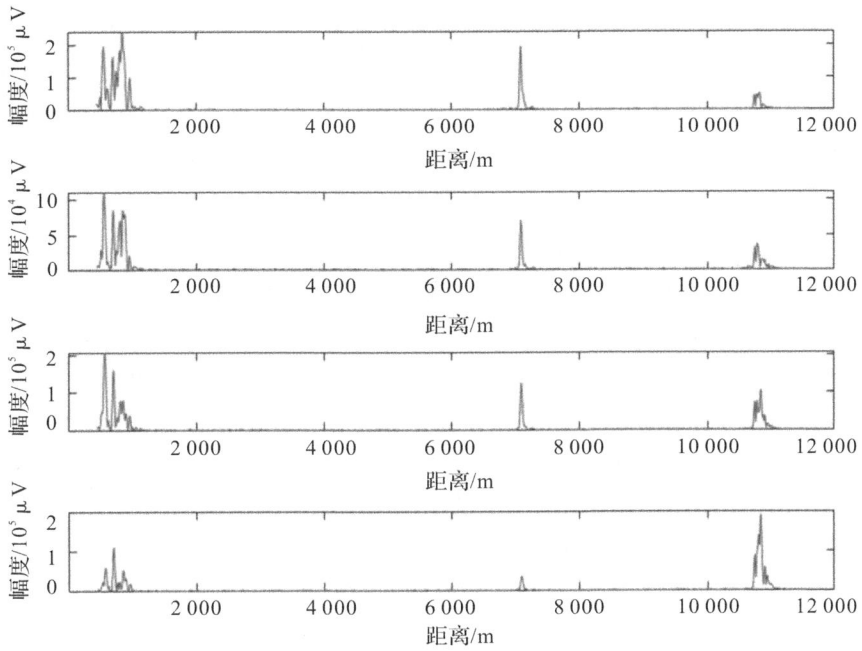

(a)

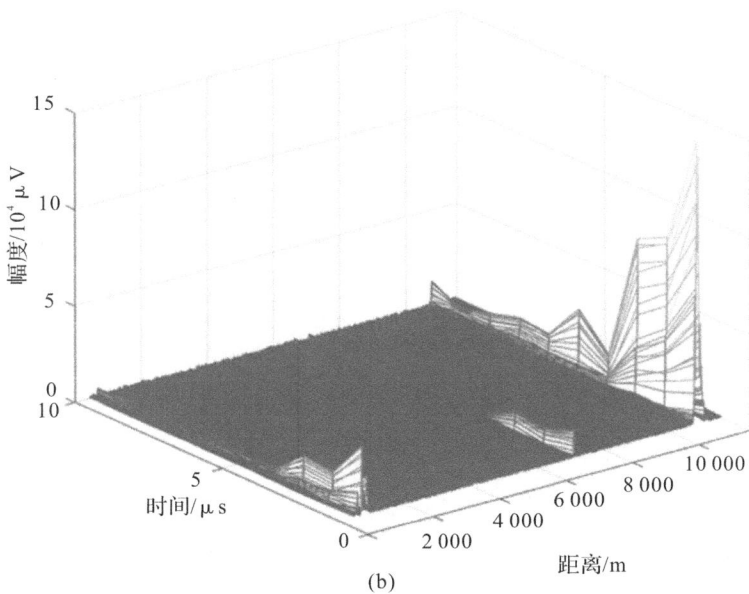

(b)

图 5.5　滤波后的 T1 脉冲

（a）PC 回波；　（b）MC 回波

　　由于 T2 脉冲功率远大于 T1 脉冲功率,所检测到的目标数量远多于表 5.1 中的目标数量,为便于比较,表 5.2 仅列出了与表 5.1 目标相近的方位向目标检测结果。图 5.5 为雷达波束方位角为 5.65°时的 PC、MC 回波,经计算 K-L 散度,图 5.5(a)的第 1 行被判定为目标回波,目标检测结果见表 5.1,除近程杂波外,仅探测到 6.73 km 处的目标;对比表 5.2 的目标检测结果可知,除 6.365 km 的目标外,11.252～13.886 km 这一范围内存在连续 12 个峰值点,对照刘宁波等人给出的目标场景,该方位向存在一座航道浮标与浮标相距一段距离的芝罘岛,这是因为 T1 脉冲功率小,该岛屿为弱目标,不能在 PC 回波中被检测到,但在 MC 回波中,该岛屿的回波清晰可见。由于 T2 脉冲功率远大于 T1 脉冲功率,所检测到的目标数量远多于表 5.1 中的目标数量,为便于比较,表 5.2 仅列出了与表 5.1 目标相近的方位向目标检测结果。

　　由上述实验结果可知,基于自适应滤波的多目标检测方法能够准确区分海杂波与目标回波,具有探测海面弱小目标的能力。

第6章 基于分形维数的目标检测方法

分形是指一类不规则的、支离破碎的、局部与整体在形态、功能等方面具有相似性的对象,近年来逐步成为研究和处理不规则、非线性特性强有力的数学工具。

分形维数是其中一个非常重要的特征量,它可以定量地描述分形对象的不规则特性,在 20 世纪末就成为一个研究热点,得到了学者的广泛关注。

6.1 一维时间序列分形维数计算方法

在本节中,首先对几种常用的一维时间序列分形维数计算方法进行回顾,并合成 4 种典型的单重分形维数时间序列;其次以 4 种分形序列为研究对象,就计算准确性、计算效率和对数据长度的依赖性 3 个方面将 8 种分形维数算法进行比较,以寻求最优的分形维数算法;最后将筛选出的性能突出的算法用于 x 波段的雷达海杂波数据进行分析。

6.1.1 时间域内计算分形维数的方法

在一维时间序列分析中,计算分形维数通常有两种方式:①先重构时间序列的相空间,再在相空间中计算时间序列的关联维数;②直接在时间域内进行分形维数的计算。这里主要讨论直接在时间域内计算分形维数的方法。

1. Katz 方法

1988 年,Katz 在 Mendelbrot 分形维数概念的启发下,提出了一种针对波形数据计算分形维数的方法。该方法一经提出就得到了广泛关注,尤其是在生物医学领域中得到了大量的使用。其计算过程如下:

设定一个长度为 N 的时间序列为 $x=\{x_i, i=1,2,\cdots,N\}$,对应的时间记录 $(0, t_{\max})$。

(1)计算序列对应的曲线的长度:

$$L = \text{sum}[\text{dist}(i, i+l)] \tag{6.1}$$

（2）计算距离与第一个点最远的距离：

$$d = \max[\mathrm{dist}(l,1)] \tag{6.2}$$

（3）计算分形维数：

$$\mathrm{FD} = \frac{\lg N'}{\lg N' + \lg(d/L)} \tag{6.3}$$

式中　$N' = N - 1$。

但 Katz 方法存在一个问题：时间序列的两个坐标分别记录两个不同的变量，横坐标表示时间，纵坐标表示一个特定物理量，但是在算法中进行空间距离计算的时候却直接将两个坐标代入了距离公式，这样这种算法就不能很好地描述序列的分形特征。

2. Castiglioni 方法

Paolo Castiglioni 认为，时间序列的纵轴数据具有分形特性，而横轴数据是时间记录，不具有分形特性。因此，他提出在用 Katz 的方法时计算空间距离的过程中摒弃横轴的时间记录数据，只使用纵轴物理量的数据记录。Castiglioni 的方法具体的计算过程如下所述。

设定一个长度为 N 的时间序列 $x = \{x_i, i = 1, 2, \cdots, N\}$，对应的时间记录从 $(0, t_{\max})$。按照 Katz 的方法在计算 d 和 L 时，只用纵轴数据，摒弃时间数据。

$$d = \max(x_i) - \min(x_i)$$

$$L = \sum_{i=1}^{N} |x_{i+1} - x_i|$$

$$\mathrm{FD} = \frac{\lg N'}{\lg N' + \lg(d/L)} \tag{6.4}$$

但是 Katz 存在的另一个问题没有得到解决：随着数据长度的增加，计算得到的分形维数会趋近于 1。

3. Sevcik 方法

1998 年，Carlos Sevcik 在分析 Katz 方法存在的两个问题的基础上，提出了一种新的计算时间序列分形维数的方法。该方法首先对两个坐标的数据进行了归一化处理，消除了由于量纲不同可能给后续计算带来的隐患，同时 Sevcik 回到了 Hausdorff 维数的概念，重新设计了一种算法，使得在估算序列分形维数的时候更加精确。另外，Jannuary Gnitecki 和 Zahra Moussavi 在 2005 年误认为 Sevcik 的算法是把数据归一化方法和 Katz 的算法结合起来，得到了一种 KSFD（Katz – Sevcik Fractal Dimension）算法，后经过 Sevcik 本人发文澄清：Sevcik 方法与 Katz 算法完全没有关系，是 Jannuary Gnitecki 和 Zahra Moussavi 的误读。

Sevcik 方法的具体流程如下。

给定一个长度为 N 的序列,横纵轴数据分别为 $x=\{x_i,i=1,2,\cdots,N\}$,$y=\{y_i,i=1,2,\cdots,N\}$,对时间序列进行线性变换,对两个坐标的变量进行标准化,去除量纲的影响。$x_i^*=x_i/x_{\max}$,$y_i^*=(y_i-y_{\min})/(y_{\max}-y_{\min})$。那么对应的分形维数可以近似为

$$FD=1+\frac{\lg L}{\lg(2N')}$$

式中　L——表示该时间序列所代表的曲线长度,$L=\sum_{i=0}^{N'}\text{dist}(i,i+1)$,$N'=N-1$。

4. Higuchi 方法

Higuchi 经过修改 Burlage 和 Klein 的算法,提出一种用于计算时间序列分形维数的算法。具体计算过程如下:

(1)设定一个长度为 N 的时间序列 $X(1),X(2),\cdots,X(N)$,用延迟法重构时间序列得到一个的矩阵 $\boldsymbol{X}_k^m$,它的形式为

$$X(m),X(m+k),X(m+2k),\cdots,X\left[m+\text{int}\left(\frac{N-m}{k}\right)k\right],m=1,2,\cdots,k$$
$$(6.5)$$

(2)每一个 X_k^m 的曲线长度 $L_m(k)$ 可以通过下式计算得到:

$$L_m(k)=\frac{1}{k}\left\{\sum_{i=1}^{\text{int}\frac{N-m}{k}}X(m+ik)-X[m+(i-1)k]\times\frac{N-1}{\text{int}\left(\frac{N-m}{k}\right)k}\right\}\quad(6.6)$$

(3)总的序列的曲线长度可以用 k 个延迟生成序列曲线的长度的平均值近似,即 $L(k)=1/k\sum_{m=1}^{k}L_m(k)$。

(4)对于 k 不同的值,得到一组关于 k 与 $L(k)$ 的曲线数据。绘制 $\lg(L(k))\sim\lg(1/k)$ 曲线,如果是一直线,说明 $L(k)$ 与 k 存在的关系如下:

$$L(k)\sim k^{-FD}$$

(5)对数据进行直线拟合得到 $\lg[L(k)]=FD\times\lg(1/k)+C$,即可得到时间序列的分形维数。

该算法在计算时间序列的分形维数时精确度较高,但该算法在实现过程中的参数 Kmax 的设置没有明确给出,在算法的应用中多位作者采用了猜和试的方式来确定 Kmax 的取值,后来 P. Paramanathan、R. Uthayakumar 提出了一种

Kmax 的设置方法。

5.盒维数方法

盒维数由于其实现方法简单,是分形理论中运用比较频繁的分形维数计算方法,一般情况下它主要用于二维和三维数据的分形维数计算,訾艳艳等在2001 年提出了一种方法可以用于对离散振动信号进行盒维数的计算,将盒维数法推广到了一维时间序列中。

盒维数法也叫盒计数法,其计算过程结合图 6.1 来介绍。

(1)把分形图形或者分形曲线用尺度为 scale 的网格进行分割,计算该尺度下包含有图形像素(无论像素的多少)的方格数目 Num(scale)。

(2)改变尺度 scale 的取值,重复(1)获得多组 scale – Num(scale)。一般情况下,scale 的取值按照从大到小的顺序进行,诸如:scale=1,1/2,1/4,…,1/512(假定图片的尺寸为 512×512)。

(3)将一系列 scale – Num(scale)数据对计算 ln[Num(scale)]～ln(1/scale),并进行线性拟合,ln(Num(scale))=FDln(1/scale)+C,其中直线的斜率 FD 是图形的分形维数。

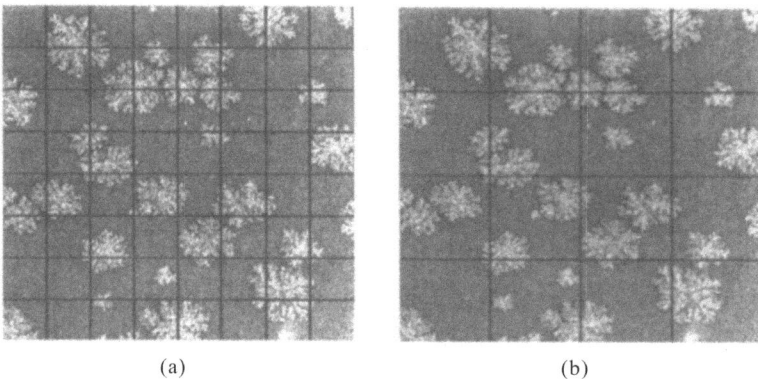

(a)   (b)

图 6.1   盒维数计算示意图

6.基于 R/S 分析的计算方法

时间序列的 Hurst 指数 H 与分形维数 FD 存在着一种关系:FD=2 – Hurst。因而可以考虑通过计算时间序列的 Hurst 指数来间接地计算时间序列的分形维数。早期计算 Hurst 指数的方法是 R/S 分析方法。

给定一个长度为 N 的时间序列 $x=\{x_i,i=1,2,\cdots,N\}$,对应的时间记录是 $(0,t_{\max})$。具体 R/S 分形过程为:

(1)把时间序列切成 k 段, $k=1$:$(N/5)$。针对每一段进行下列运算。

(2)计算每一段数据得到标准差 $S(k)$。

(3)计算每一段数据中的极差 $R(k)$。

(4)计算参数:

$$a_k = E\left[\frac{R(k)}{S(k)}\right] \tag{6.7}$$

(5)由于 $E[a_k]=Ck^H$,进行曲线拟合得到:

$$\lg\{E[a_k]\} = H\lg k + \lg C \tag{6.8}$$

(6)计算分形维数 $FD=2-H$。

7. 基于 FA 的计算方法

波动分析方法(Fluctuation Analysis,FA)可以用来计算时间序列的 Hurst 指数,假设 $X=\{X_i,i=1,2,\cdots,N\}$ 是个均值为 μ,方差为 σ^2 的随机过程。

(1)去掉时间序列的均值。假设这个新的时间序列为 $x=\{x_i,i=1,2,\cdots,N\}$,式中 $x_i=X_i-\mu$。

(2)用 x 的前 n 项和重新构造一个新的时间序列 $y=\{y_i,i=1,2,\cdots,N\}$,式中 $y(n)=\sum_{i=1}^{n} x_i$。通常,y 被称为 x 的随机游走过程,x 是一个增量过程。

(3)考察下面的式子是否满足幂率公式。

$F^{(2)}(m) \leqslant |y(n+m)-y(n)|^2$,即考察 $\lg[F^{(2)}(m)]$ 与 $\lg m$ 的线性关系,如果满足:$\lg[F^{(2)}(m)]=H\lg m+C$,C 是常数。可计算得到 Hurst 指数 H。

(4)计算分形维数:$FD=2-H$。

8. 基于 DFA 的计算方法

DFA 具体的计算过程可以归纳如下:

(1)假设 x_k 是长度为 N 的非平稳时间序列。减去均值,并把 x_k 的前 i 项和做为新序列的第 i 项:$Y(i)=\sum_{k=1}^{i}[x_k-(x)]$,$i=1,2,\cdots,N$,式中 (x) 表示信号序列 x_k 的平均值。

(2)把得到的 Y 序列平均划分成 N_s [$N_s=\mathrm{int}(N/s)$] 段,数据互不重叠。s 是每段数据中的点数,也就是时间尺度(time scale)。如果是不能整除的情况,会在最后剩余一部分数据,为了不浪费这一部分数据,我们从数据末端开始,重复这一步,得到了 $2N_s$ 个数据段。

(3)对每一段数据基于最小二乘法进行多项式拟合,得到拟合数据段 $y_{v,s}^m(j)$,并用上面得到的数据段减去对应的拟合数据段,得到 $\hat{Y}_s(j)=Y(j)-y_{v,s}^m(j)$。

（4）分别对每一段得到的差值数据进行计算：

$$F^2_{\mathrm{DFAm}}(v,s) = \frac{1}{s}\sum_{j=1}^{s}\widetilde{Y}^2_s(j) \tag{6.9}$$

（5）求平均值，得到

$$F_2(s) = \Big[\frac{1}{2N_s}\sum_{v=1}^{2N_s}F^2_{\mathrm{DFAm}}(v,s)\Big]^{1/2} \tag{6.10}$$

（6）变换 s 的值，绘制 $F_2(s)-s$ 的 $\lg(s)-\lg[F_2(s)]$ 图，拟合直线，计算斜率，得到尺度指数（scaling exponent）α。

（7）计算分形维数：FD$=2-\alpha$。

另外，还有其他许多计算时间序列的分形维数方法。例如，由于分形波形的功率谱与频率满足幂率关系，并且该幂指数与该波形的分形维数呈线性关系，所以 Raghav 和 Mishra 在 2008 年提出了一种基于功率谱密度的分形维数计算方法，还有 Petrosian 算法等等。

6.1.2 算法性能分析

1. 实验数据

在本部分中主要采用四组合成时间序列以及海杂波数据进行算法性能分析。

（1）WCF（Weierstrass Consine Function）序列。WCF 序列定义为：$W_H(t) = \sum_{k=0}^{\infty}\gamma^{-kH}\cos(2\pi\gamma^k t)(0 < H < 1)$，式中 $\gamma > 1$。这个函数处处连续却处处不可导，其分形维数是 $D=2-H$，如果 γ 是整数时，该函数为周期函数（周期为 1）。通过控制 H 来实现控制分形维数，其他参数设置为 $0 < k < 100$；时间 t 的区间为 $(0,1)$，采样点数为 $N+1$，$\gamma=5$。

（2）FBM（Fractal Brown Motion）序列。FBM 序列是一个典型的非平稳自相似随机序列，它的产生比较方便。

1）生成一个均值为 μ，方差为 σ^2 的随机序列 $X=\{X_i,i=1,2,\cdots,N\}$。

2）减去时间序列的均值。假设这个新的时间序列为 $x=\{x_i,i=1,2,\cdots,N\}$，式中，$x_i=X_i-\mu$。

3）用 x 的前 n 项和重新构造一个新的时间序列 $y=\{y_i,i=1,2,\cdots,N\}$，式中 $y(n)=\sum_{i=1}^{n}y_i$，就得到了分形布朗运动序列。图 6.1(a)表示的是 FD$=1.5$ 长度为 4 096 点的 FBM 时间序列。

（3）WMCF（Weierstrass Mandelbrot Consine Function）序列。WMCF 序列

是从 WMF(Weierstrass-Mandelbrot Function)简化得到的,WMF 是个变尺度分形曲线,而 WMF 的分形维数 FD 定义为

$$W(t)=\sum_{-\infty}^{\infty}(1-e^{ib^k t})e^{i\varphi_k}/b^{(2-FD)k}, \quad 1<D<2$$

式中,φ_k 是随机相位,它每一个随机取值,确定了一个具体的函数 WMF。这个函数处处连续但是处处不可导。

假设 $\varphi_k=0$,并提取 WMF 的实部就可以得到 WMCF 的值:

$$C(t)=\sum_{-\infty}^{\infty}[1-\cos(b^k t)]/b^{(2-FD)k}$$

(4)TF(Takagi Function)序列。TF 序列为

$$\mathrm{TF}(t)=\sum_{m=0}^{\infty}a^m\varphi(b^m t)$$

式中,$\varphi(t)$ 是与整数的距离。如 $\varphi(t)=|bt-\mathrm{round}(bt)|$,$b$ 是个大于 1 的整数,而 a 是一个实数,取值范围为 $(0,1)$。如果 $ab>1$,该函数处处连续但处处不可导,这里设为 $b=2$,$a\in[1/2,1]$,$m_{\max}=100$,$t\in[0,1]$ 时,此时的分形维数满足 $\mathrm{FD}=\lg(4a)/\lg b$,设置 FD 和 $b=2$,让 a 在一定范围内波动,就可以合成不同分形维数下的 TF 分形时间序列。

(5)海杂波数据。本实验所用雷达数据是由 Simon Haykin 教授的团队用 X 波段相干雷达照射海面而收集得到的回波信号。本部分中采用第 17♯cdf 文件,照射的海面区域共分为 14 个距离门,其中在第 9 个距离门有一个直径为 1 m 的球状金属网覆盖的塑料泡沫作为目标,每个距离门内采集的回波数据为 131 071 个点。

2.仿真分析

(1)WCF 序列分析:

1)准确性分析。设置序列合成参数,分别使合成的 WCF 时间序列的分形维数从 1.1 开始,步进为 0.1,一直变化到 1.9,分别用不同的方法计算 WCF 时间序列的分形维数,与理论分形维数进行对比,计算误差,并绘制误差曲线,结果如图 6.2、图 6.3 所示。

图 6.2 为各算法分别计算 WCF 序列分形维数的结果,其中实线为理论分形维数。图 6.3 为各算法在计算 WCF 序列的分形维数时的误差率曲线。

由图 6.2 可知,Katz 和 Rescaling 算法的计算值脱离了理论分形维数,误差最大。Sevcik、Boxcount 与 Castiglioni 算法在分形维数较小时,其计算值与理论值比较接近;当分形维数增大时,其计算值与理论值间的误差也随之增大。其中 Sevcik 和 Boxcount 算法要远优于 Castiglioni 算法,而 Sevcik 算法与 Boxcount

算法相比,Sevcik 算法准确性更高。准确性最好的是 FA、DFA 和 Higuchi 算法,这 3 种算法的计算值与理论值很接近,并且变化趋势基本类似。

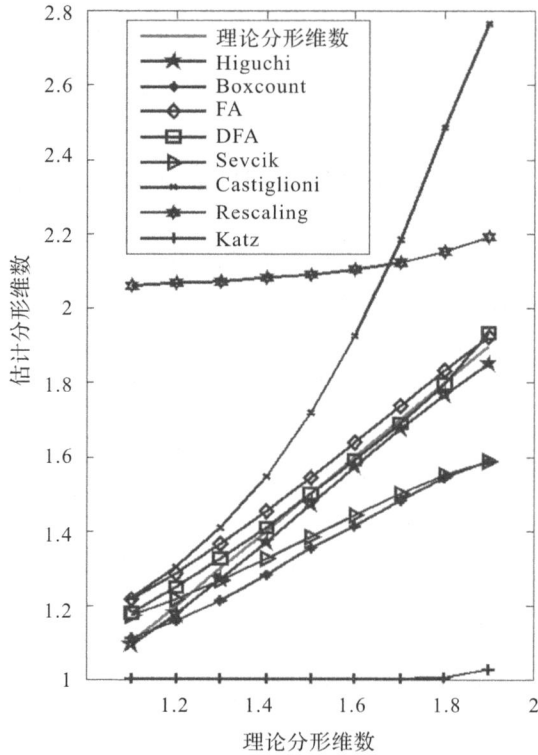

图 6.2　多种分形维数算法准确性比较(基于 WCF 序列)

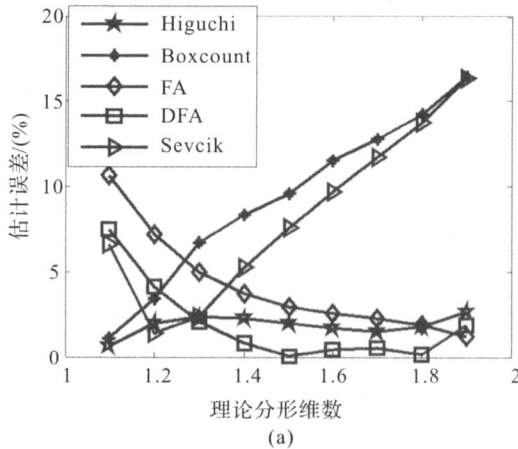

(a)

图 6.3　多种分形维数算法的误差曲线(基于 WCF 序列)

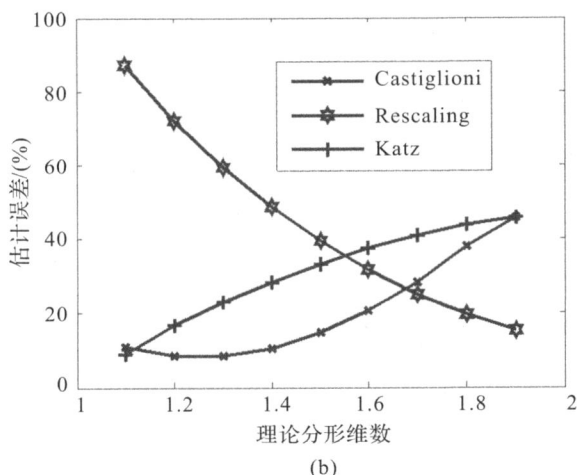

(b)

续图 6.3　多种分形维数算法的误差曲线（基于 WCF 序列）

由图 6.3 可知：Katz，Castiglioni 和 Rescaling 算法的误差率较大，均大于 20%；Sevcik 和 Boxcount 算法误差率均小于 20%；FA 和 DFA 算法的误差均小于 10%；Higuchi 算法误差均小于 5%。图 6.2 与图 6.3 反映出来的准确性评价是一致的。

2)计算效率对比。分别合成 WCF 时间序列，使其分形维数在 1.1～1.9 之间变化，步进为 0.1，通过运用各种算法进行分形维数计算，记录各算法所用的时间，对比各算法运算效率，结果如图 6.4 所示。

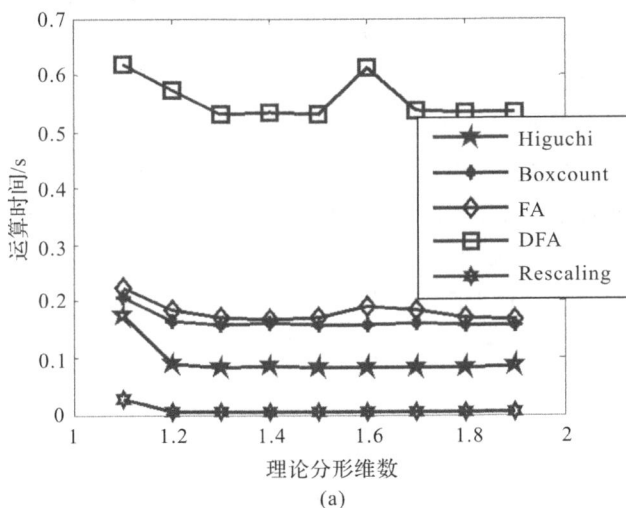

(a)

图 6.4　运算效率比较（基于 WCF 序列）

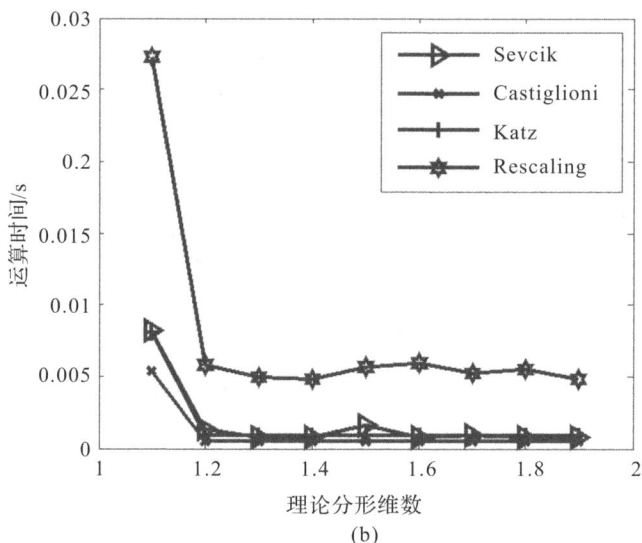

续图 6.4　运算效率比较（基于 WCF 序列）

由图 6.4 可知：Katz，Castiglioni 和 Sevcik 算法的用时最短，在 0.000 1 s 的数量级；Rescaling 算法的用时在 0.001 s 的数量级；Higuchi、Boxcount、FA 和 DFA 算法在 0.1 s 的数量级。其中 DFA 方法的用时最长。

3）对数据长度的依赖性。生成分形维数为 1.5 的 WCF 时间序列，截取长度变化范围为 $2^{10} \sim 2^{13}$，步进为 32，分别对不同长度下的 WCF 序列运用各算法进行分形维数计算，观察各算法对数据长度的依赖情况。结果如图 6.5 所示，图中实线为理论分形维数 1.5。

由图 6.5 可知，受数据长度影响最大的是 Castiglioni 算法，其他几种算法的计算值会在数据较短时进行小幅度的波动，随着数据长度的增加，计算值逐步稳定。其中 FA、DFA 和 Higuchi 算法计算值最接近理论值，FA 算法在数据长度变化的过程中一直在发生波动，而 DFA 和 Higuchi 相比 FA 较为稳定，其Higuchi 趋势比较明显，而 DFA 的准确性要比 Higuchi 高。从整体来看，当数据长度超过 2^{12} 时，几种算法的计算值基本稳定。

3. TF 序列分析

（1）准确性对比。设置参数，分别使合成的 TF 时间序列的分形维数从 1.1 开始，步进为 0.1，一直变化到 1.9；用不同的方法计算 TF 时间序列的分形维数，与理论分形维数进行对比，计算误差，并绘制误差曲线，结果如图 6.6、图 6.7 所示。

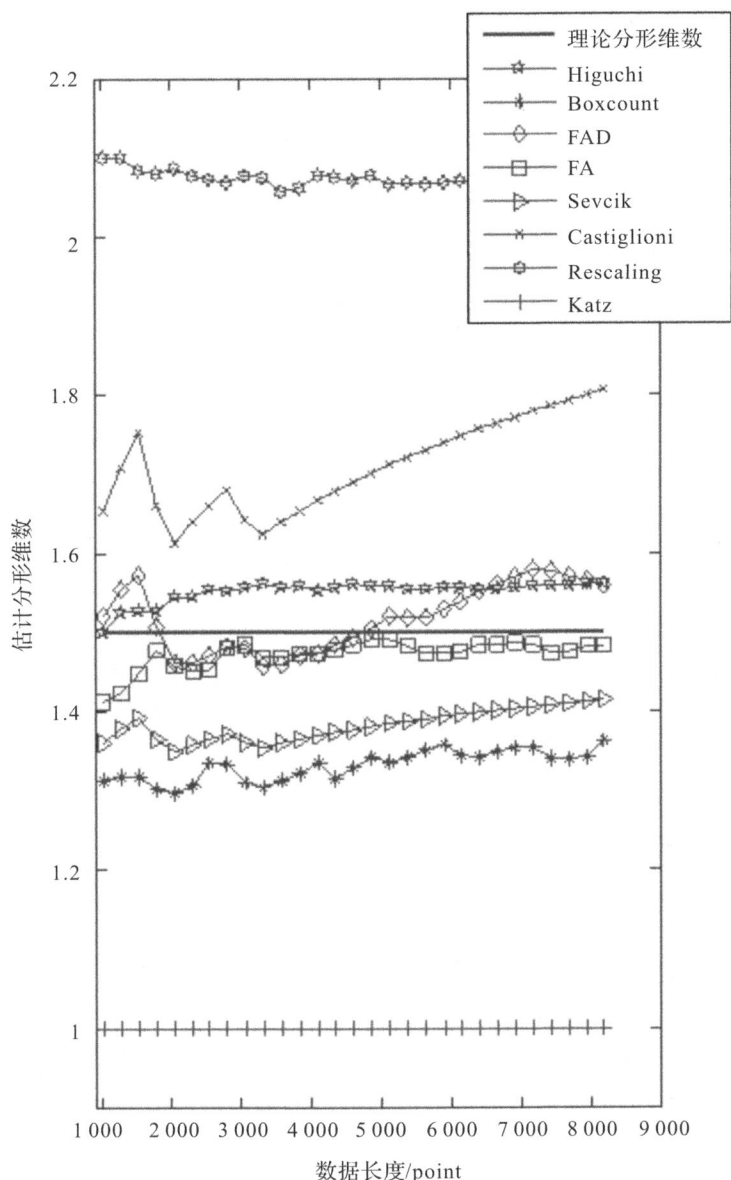

图 6.5　数据长度对算法的影响比较（基于 WCF 序列）

　　图 6.6 为各算法分别计算 TF 序列分形维数的结果，其中实线为理论分形
维数。图 6.7 为各算法在计算 TF 序列的分形维数时的估计维数与理论维数间
的误差率曲线。

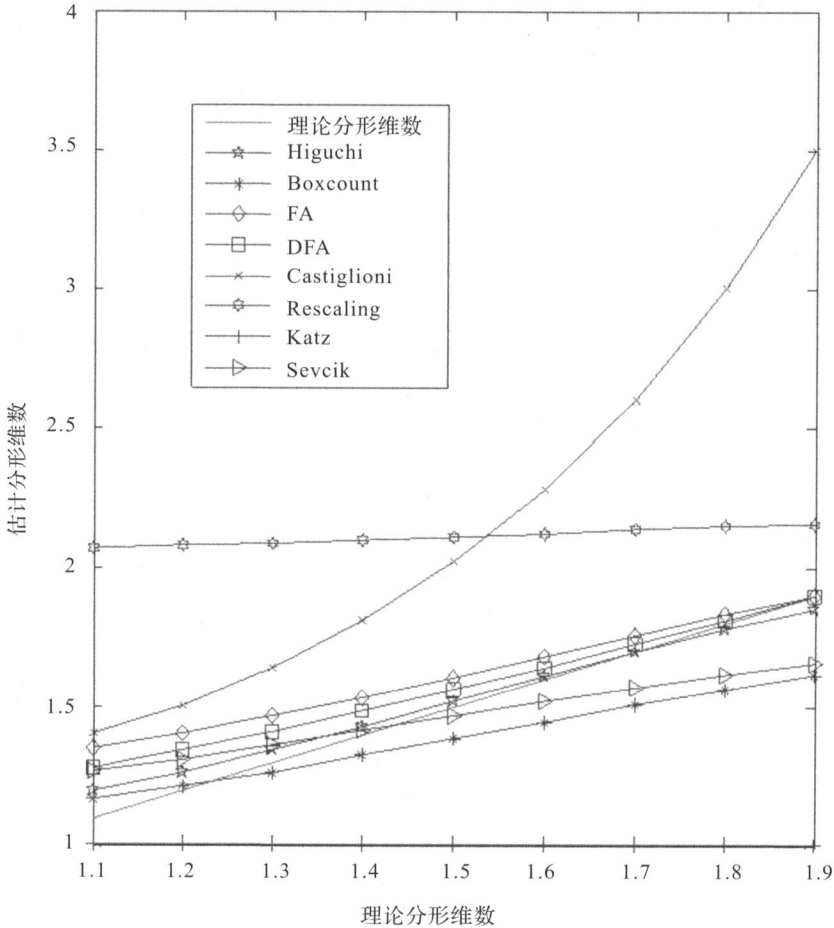

图 6.6　多种分形维数算法准确性比较(基于 TF 序列)

　　分析图 6.7 可知,Katz 和 Rescaling 算法的计算值脱离了理论分形维数,误差最大。Sevcik,boxcount 与 Castiglioni 算法在分形维数较小时,其计算值与理论值比较接近;当分形维数增大时,其计算值与理论值间的误差也随之增大。其中Sevcik 和 Boxcount 算法要远优于 Castiglioni 算法,而 Sevcik 算法与 Boxcount算法相比,Sevcik 算法准确性更高。准确性最好的是 FA、DFA 和 Higuchi 算法,这 3 种算法的计算值与理论值很接近,并且变化趋势基本类似。

　　从误差上分析:Katz、Castiglioni 和 Rescaling 算法的误差率较大,均大于10%;Sevcik 和 Boxcount 算法误差率均小于 20%;FA 和 DFA 算法的性能比较接近,FA 略微优于 DFA 算法,但是它们的误差会随着序列的理论分形维数的增大而降低,这表明在针对 TF 序列的分形维数计算中,FA 和 DFA 算法适合计算分形维数大于 1.5 的情形,此时两种方法的误差低于 5%。盒维数、Higuchi 算法和 Sevcik 算法的误差随着 TF 序列的理论分形维数的增加会呈现一个 V 形,但最低点和 V 形的张角不同。三种方法的最低点分别落在分形维数等于 1.2、1.7 和 1.4 处。并且盒维数和 Sevcik 算法的张角较小,导致它们与 Higuch 算法相比,误差要较大。综上所述,Higuchi 算法在针对 TF 序列的分形维数计算中,准确性最高。

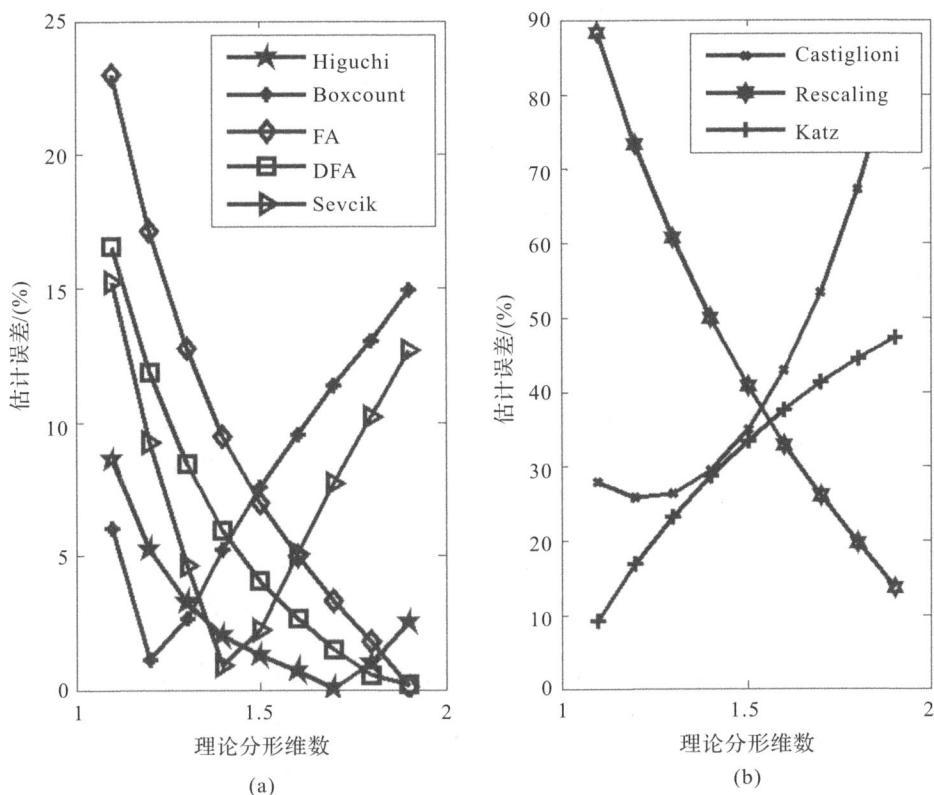

图 6.7　多种分形维数算法的误差曲线对比(基于 TF 序列)

(2)计算效率对比。分别合成 TF 时间序列,使其分形维数在 1.1~1.9 之间变化,步进为 0.1,分别运用各种算法进行分形维数计算,记录各算法所用的时间,对比各算法运算效率,结果如图 6.8 所示。

由图 6.8 可知,Katz、Castiglioni 和 Sevcik 算法的用时最短,在 0.001 s 的

数量级;Rescaling 算法的用时在 0.02 s 的数量级;Higuchi,Boxcount,FA 和 DFA 算法在 0.1 s 的数量级。其中 Higuchi 方法的用时最长为 0.4 s 左右,DFA 方法用时约 0.25 s,FA 和 Boxcount 方法用时基本一样,约为 0.1 s。

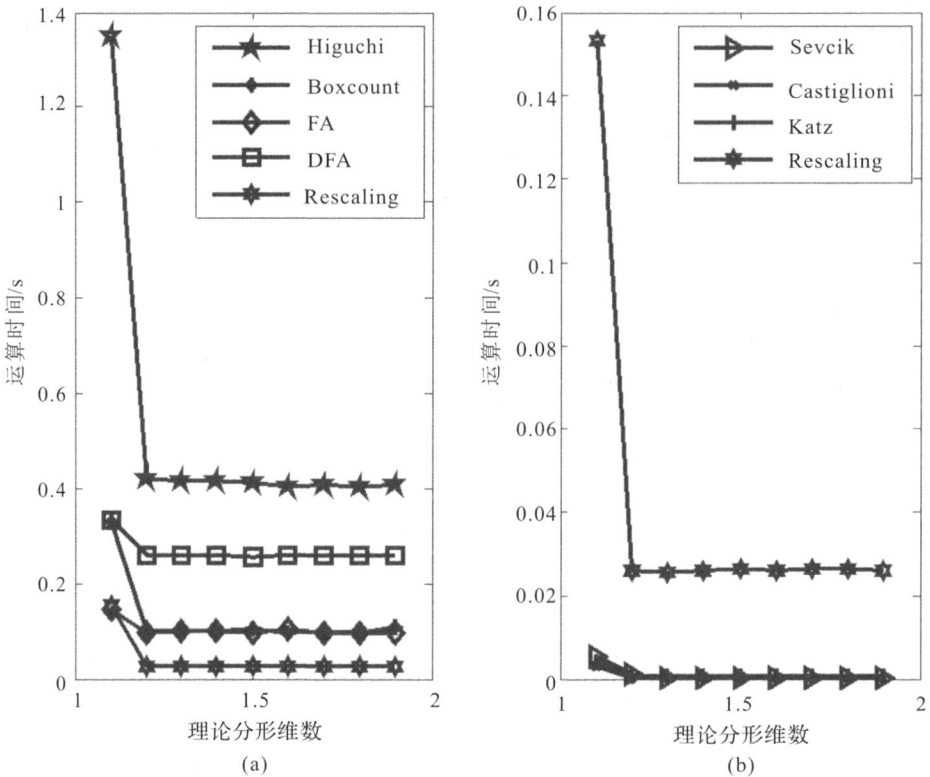

图 6.8　多种分形维数算法的误差曲线对比(基于 TF 序列)

(3)对数据的依赖性对比。生成分形维数为 1.5 的 TF 时间序列,截取长度变化范围为 $2^{10} \sim 2^{13}$,步进为 32,分别对不同长度下的 TF 序列运用各算法进行分形维数计算,观察各算法对数据长度的依赖情况。结果如图 6.9 所示。

由图 6.9 可知:随着数据长度的增加,Rescaling、FA、DFA、Sevcik、Higuchi 和 Boxcount 算法的估计误差曲线都在发生微小波动,并整体上呈现逐步减小的趋势;Katz 算法的误差基本没有变化;Castiglioni 算法的误差曲线在波动的同时呈现出上升的趋势。其中 FA、DFA 和 Higuchi 算法估计误差最小,FA 算法在数据长度变化的过程中一直在发生波动,而 DFA 和 Higuchi 趋势比较明显,随着数据长度的增加,误差从 10% 逐步下降到 5% 以下。从整体来看,当数据长

度超过 2^{12} 时,几种算法的计算误差基本稳定。

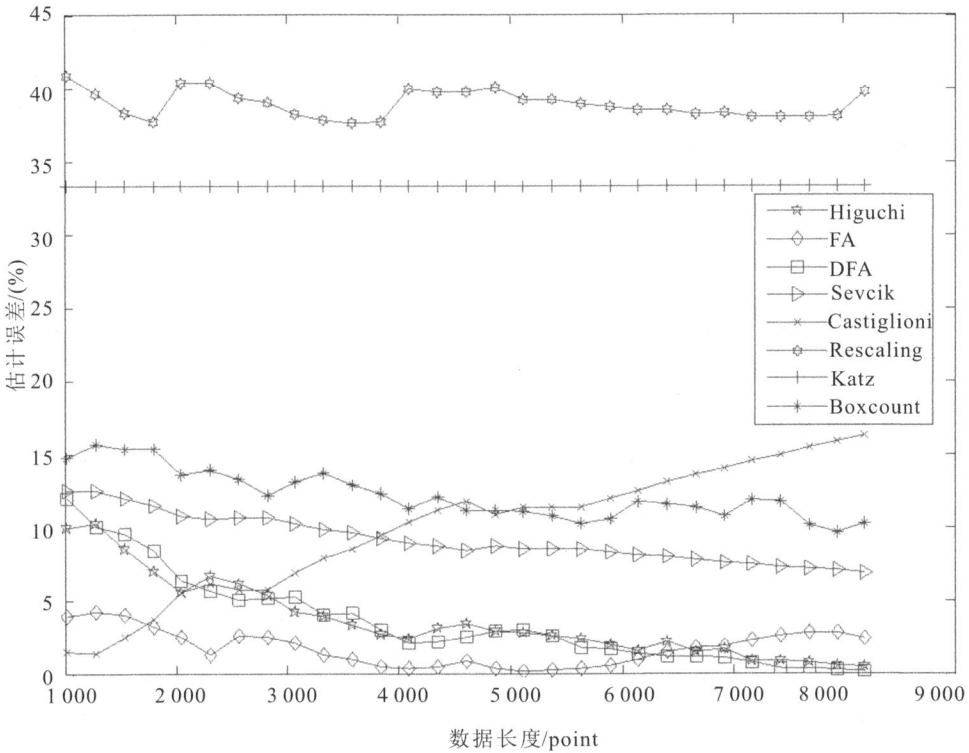

图 6.9　多种分形维数算法的误差曲线对比(基于 TF 序列)

4. WMCF 序列

(1)准确性比较。设置序列合成参数,分别使合成的 WMCF 时间序列的分形维数从 1.1 开始,步进为 0.1,一直变化到 1.9,分别用不同的方法计算 TF 时间序列的分形维数,与理论分形维数进行对比,计算误差,并绘制误差曲线,结果如图 6.10 和图 6.11 所示。图 6.10 为各算法分别计算 WMCF 序列分形维数的结果,其中实线为理论分形维数。图 6.11 为各算法在计算 WMCF 序列的分形维数时的误差率曲线。

由图 6.10 可知,Katz 和 Rescaling 算法的计算值脱离了理论分形维数,误差最大。Castiglioni 算法在理论分形维数大于 1.5 之后的计算值与理论值偏离较大。Sevcik、Boxcount、FA 和 DFA 算法在分形维数较小时,其估计值与理论值较为接近。

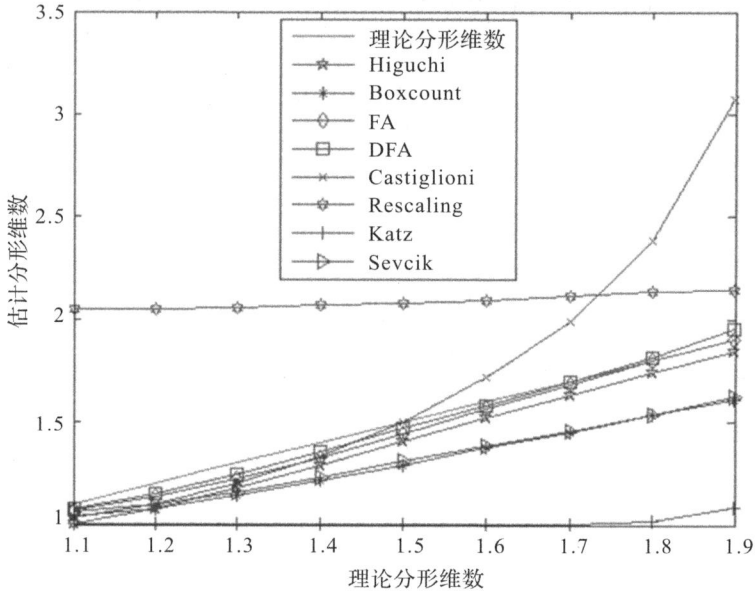

图 6.10　多种分形维数算法的误差曲线对比（基于 WMCF 序列）

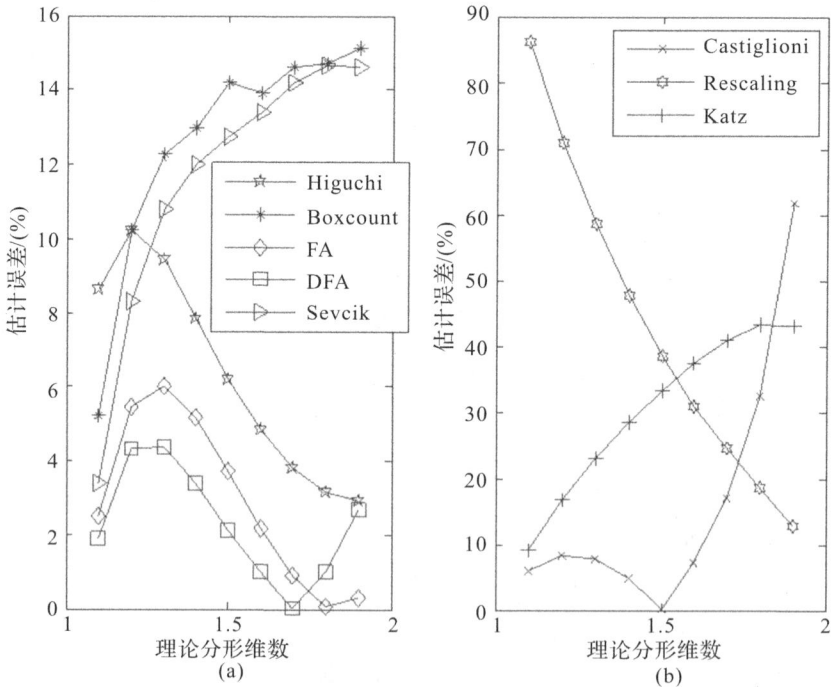

图 6.11　多种分形维数算法的误差曲线对比（基于 WMCF 序列）

由图 6.11 可知,误差最大的算法为 Katz、Castinglioni 算法和 Rescaling 算法,可以超过 20%。而 Boxcoun 算法、Sevcik 算法的误差为 10%～16%。Hicuhi 算法、DFA 算法和 FA 算法的误差都在 10% 以下。

(2)计算效率比较。分别合成 WMCF 时间序列,使其分形维数在 1.1～1.9 之间变化,步进为 0.1,分别运用各种算法进行分形维数计算,记录各算法所用的时间,对比各算法运算效率,结果如图 6.12 所示。

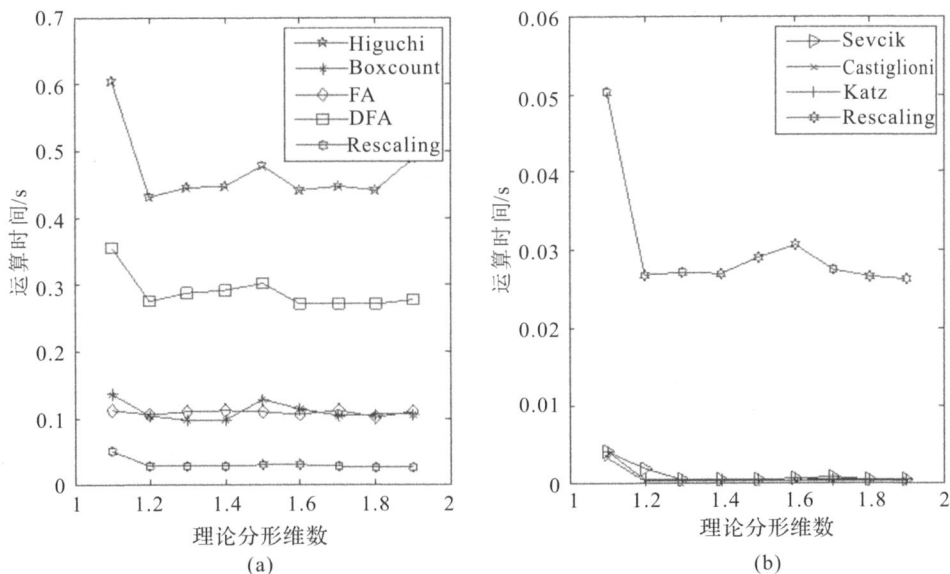

图 6.12　多种分形维数算法的运算时间曲线对比(基于 WMCF 序列)

由图 6.12 可知:Katz、Castiglioni 和 Sevcik 算法的用时最短,在 0.001 s 的数量级;Rescaling 算法的用时在 0.01 s 的数量级,约为 0.027 s;Higuchi、Boxcount、FA 和 DFA 算法在 0.1 s 的数量级。其中 FA 算法和 Boxcount 算法运算时间约为 0.1 s;DFA 算法的运算时间约为 0.28 s,而 Higuchi 算法的用时最长,为 0.42 s 左右。

(3)数据长度的影响。生成分形维数为 1.5 的 WMCF 时间序列,截取长度变化范围为 2^{10}～2^{13},步进为 32,分别对不同长度下的 WMCF 序列运用各算法进行分形维数计算,观察各算法对数据长度的依赖情况。结果如图 6.13 所示。

由图 6.13 可知:随着数据长度的增加,Rescaling、FA、DFA、Sevcik、Higuchi 和 Boxcount 算法的估计误差曲线都在发生微小波动,并整体上呈现逐步减小后稳定的趋势;Katz 算法的误差基本没有变化,且其误差较大,一直处于 37% 附近;

Castiglioni 算法的误差曲线在波动的同时呈现出上升的趋势,它的波动范围在 5%~10%内。其中 FA、DFA 和 Higuchi 算法估计误差最小,基本小于 5%。从整体来看,当数据长度超过 2^{12} 时,几种算法的计算误差基本稳定。

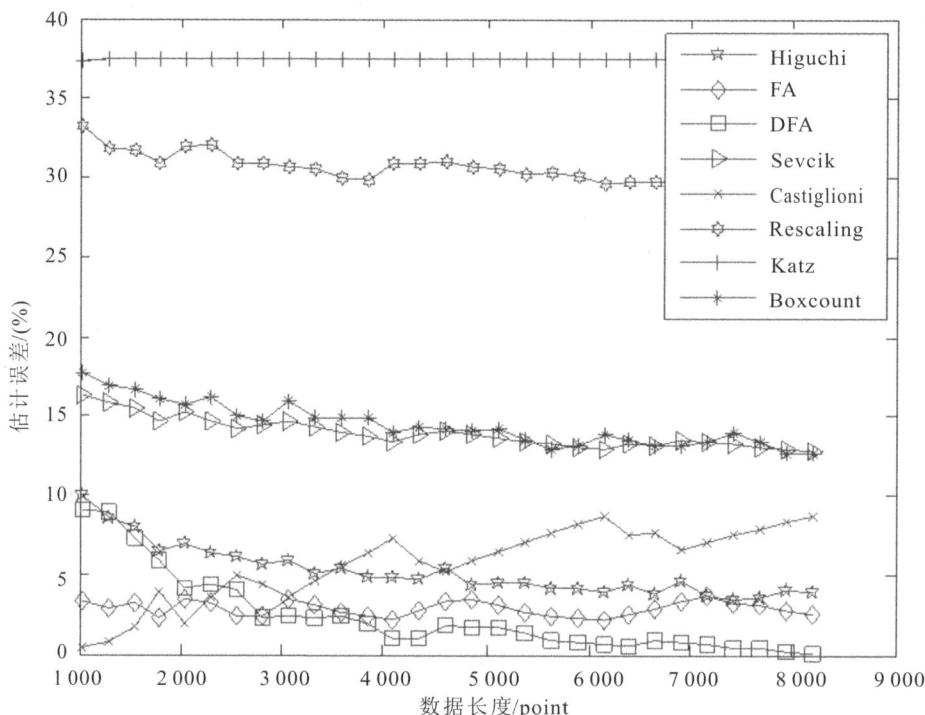

图 6.13　多种分形维数算法的误差曲线对比(基于 WMCF 序列)

5.FBM 序列

(1)准确性分析。设置序列合成参数,分别使合成的 TF 时间序列的分形维数从 1.1 开始,步进为 0.1,一直变化到 1.9,分别用不同的方法计算 TF 时间序列的分形维数,与理论分形维数进行对比,计算误差,并绘制误差曲线,结果如图 6.14 和图 6.15 所示。图 6.14 为各算法分别计算 TF 序列分形维数的结果,其中实线为理论分形维数。图 6.15 为各算法在计算 TF 序列的分形维数时的误差率曲线。

由图 6.14 可知,Katz、Castiglioni 和 Rescaling 算法的计算值脱离了理论分形维数,误差最大。其他几种算法的估计与理论值偏离较小。

由图 6.15 可知,Katz、Castiglioni 和 Rescaling 算法的估计误差很大,超过了 20%。Sevcik、Boxcount 算法的估计误差随着序列理论分形维数的增大而从小于 5％增大 15％附近。准确性最好的是 FA、DFA 和 Higuchi 算法，这三种算法的计算值与理论值很接近，误差基本上在 5％以内波动。

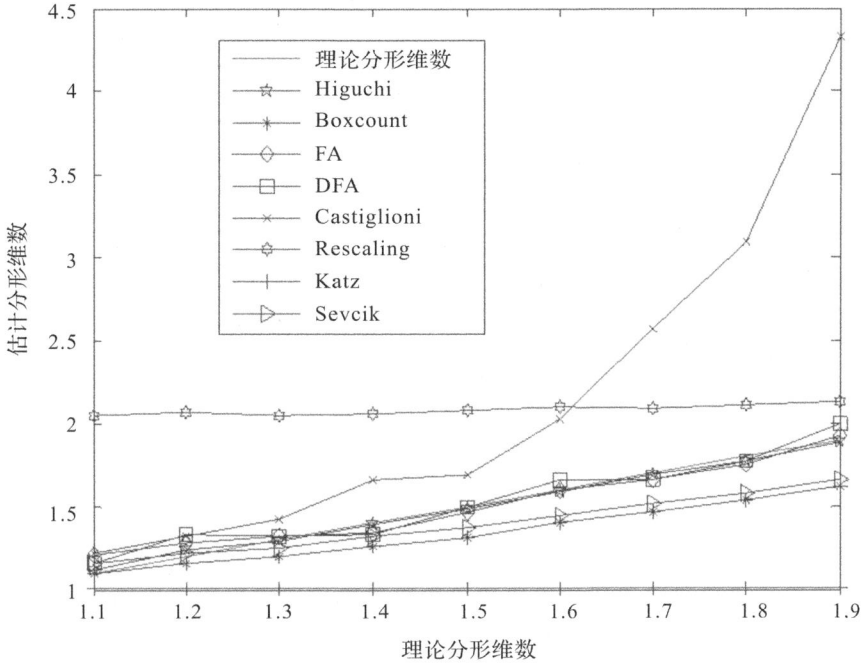

图 6.14　多种分形维数算法的误差曲线对比（基于 FBM 序列）

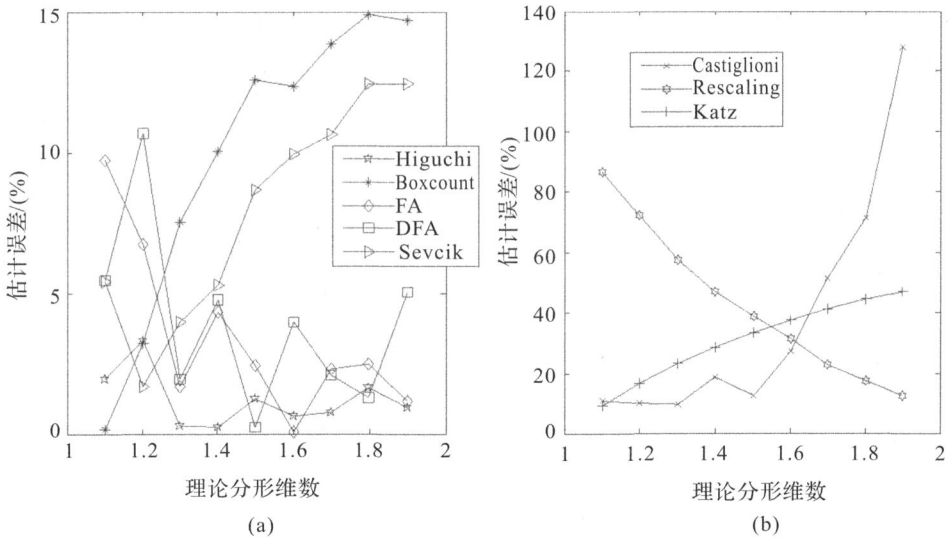

(a)　　　　　　　　　　　　　　　　(b)

图 6.15　多种分形维数算法的误差曲线对比（基于 FBM 序列）

（2）运算时间分析。分别合成 FBM 时间序列，使其分形维数在 1.1～1.9 之间变化，步进为 0.1，分别运用各种算法进行分形维数计算，记录各算法所用的时间，对比各算法运算效率，结果如图 6.16 所示。

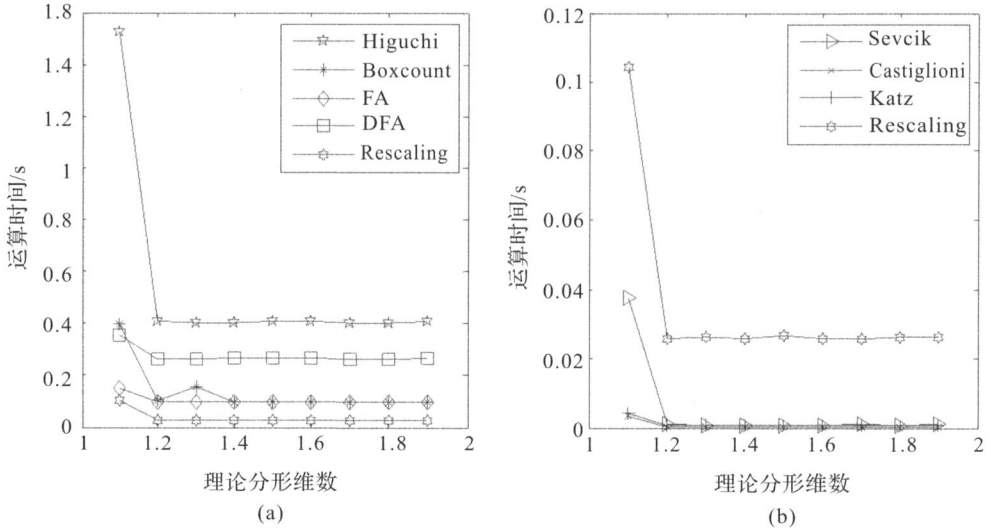

图 6.16　多种分形维数算法的误差曲线对比（基于 FBM 序列）

由图 6.16 可知：Katz、Castiglioni 和 Sevcik 算法的用时最短，在 0.001 s 的数量级；Rescaling 算法的用时在 0.02 s 的数量级；Higuchi、Boxcount、FA 和 DFA 算法在 0.1 s 的数量级。其中 FA 和 Boxcount 方法的用时 0.1 s 左右，DFA 算法的用时 0.25 s 左右，Higuch 算法用时最长，为 0.4 s 左右。

（3）对数据长度的依赖性。生成分形维数为 1.5 的 FBM 时间序列，截取长度变化范围为 2^{10}～2^{13}，步进为 32，分别对不同长度下的 FBM 序列运用各算法进行分形维数计算，将估计误差与数据长度间的关系绘制曲线，结果如图 6.17 所示。

由图 6.17 可知：随着数据长度的增加，Rescaling、FA、DFA、Sevcik、Higuchi 和 Boxcount 算法的估计误差曲线都在发生微小波动，并整体上呈现逐步减小后稳定的趋势；Katz 算法的误差基本没有变化，且其误差较大，一直处于 37% 附近；Castiglioni 算法的误差曲线在波动的同时呈现出上升的趋势，它的波动范围在 20%～45% 内。其中 FA、DFA 和 Higuchi 算法估计误差最小，基本小于 5%。而 Boxcount 算法和 Sevcik 算法整体呈现下降趋势，在 5%～15% 范围内波动。总体来看，当数据长度超过 2^{12} 时，几种算法的计算误差基本稳定。

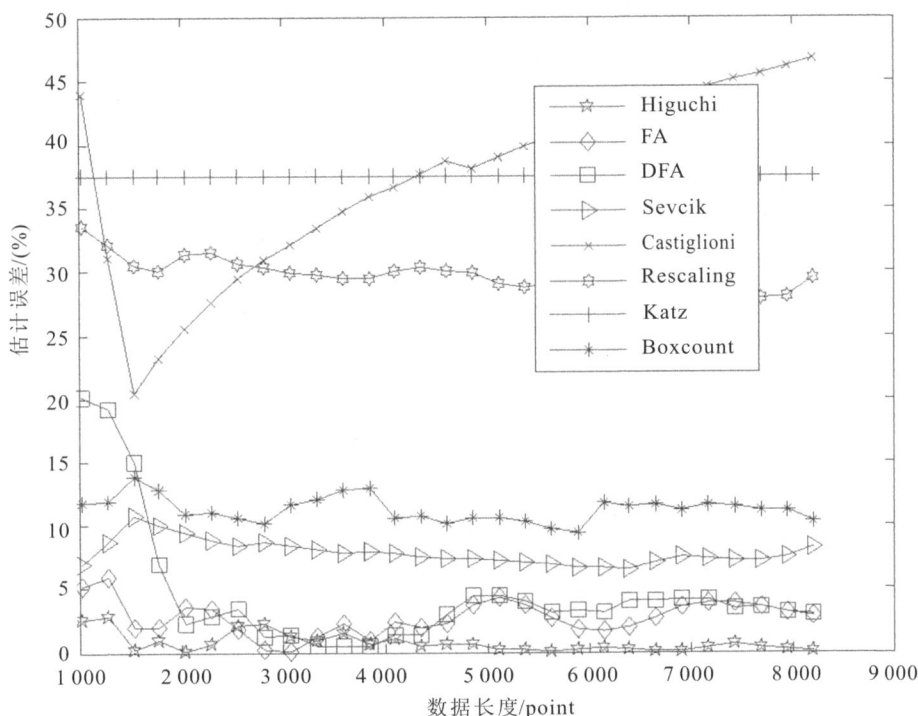

图 6.17　多种分形维数算法的误差曲线对比(基于 FBM 序列)

综上所述,DFA 方法、Higuchi 方法、Sevcik 方法在几种分形维数计算方法中性能较为突出,在应用中优先考虑。

6. 海杂波数据

在本节中主要采用表现较为突出的 3 种算法:DFA 方法、Higuchi 方法和Sevcik 方法,对海杂波数据进行分析。

在海杂波信号的处理中,分别采用了两组数据:①在高海况下采集的海杂波数据,照射的海面区域共分为 14 个距离门,其中在第 9 个距离门有一个直径为1 m 的球状金属网覆盖的塑料泡沫作为目标,每个距离门内采集的回波数据为131 071 个点。②在低海况下采集的海杂波数据,同样,照射海面区域分成 14 个距离门,每个距离门内采集的数据为 131 072 点。与高海况数据不同的是金属网状目标放置在第 8 个距离门内。

对高、低海况下海杂波数据进行分析。对原始 14 个距离门内的 14 组测试数据进行加窗,滑动,分别运用 Higuchi 算法、DFA 算法和 Sevcik 算法对每个窗口内的数据序列进行分形维数计算,将距离门内数据的计算结果进行平均后绘制成二维曲线图,分别如图 6.18 和图 6.19 所示。运算中窗口长度设置为 4 096 点,窗口滑动步长为 128 点,共计滑动 10 次。

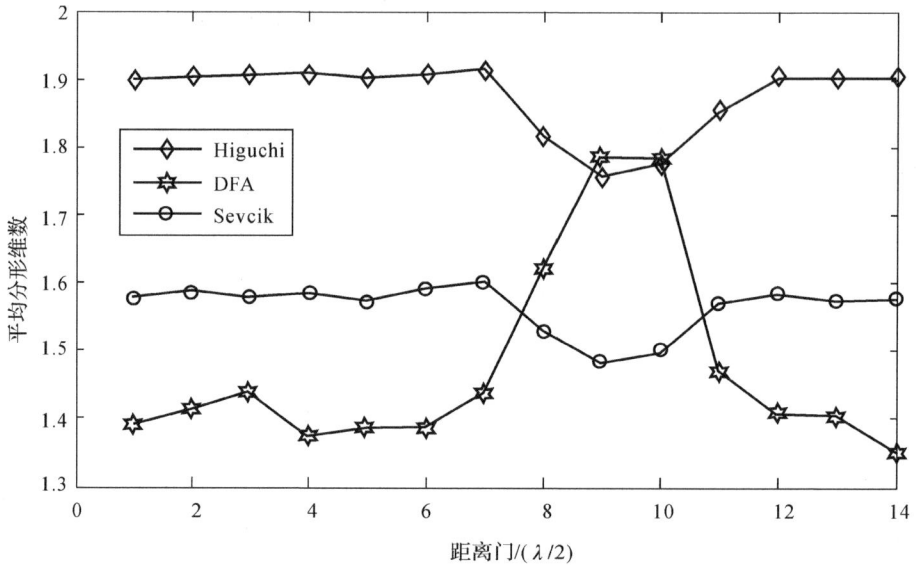

图 6.18　高海况海杂波数据分形维数计算结果

图 6.19 中展示的是高海况下运用 3 种算法 14 个距离门内海杂波数据进行加窗滑动分形维数计算并取均值的结果。由图 6.19 可知,有无目标会导致海杂波分形维数数值的不同。3 种算法均可以实现区分有无目标的目的。值得注意的是,Higuchi 算法和 Sevcik 算法在没有目标时海杂波的分形维数计算值大于存在人造目标时海杂波的分形维数计算值,这与理论上是一致的。而 DFA 算法的结果刚好相反:存在目标时数据的分形维数会大于不存在目标时的分形维数。这可能是由于 DFA 算法中的分形维数结果是通过用 2 减去了 Hurst 指数得到的,而 Hurst 指数也是一个反映分形特性的指标,在做了减法之后,会出现这样的问题。这个仅仅是个推测,还需要做进一步的研究。

图 6.19 中展示的是低海况下海杂波数据分形维数的计算结果,从图 6.19 中可以看出,与高海况下具有类似的特点,即 Higuchi 算法和 Sevcik 算法计算得到的分形维数变化趋势与理论相一致,而 DFA 算法计算得到的分形维数变化趋势与理论不一致。另外,在低海况下,有无目标的存在,对分形维数数值的影响很大,区分性更强。比较图 6.18 和图 6.19 还可以看出,海况的高低对不同算法计算的分形维数数值影响不同。对于 Higuchi 分形维数来说,海况越高,分形维数越小。对于 Sevcik 分形维数,海况越高,分形维数越大。对于 DFA 分形

维数来说,海况越高,分形维数越小。

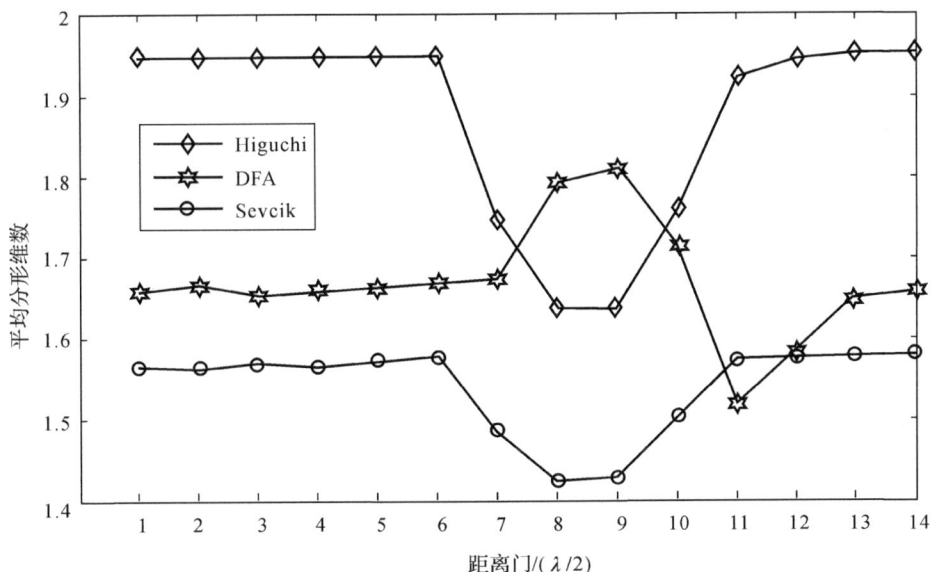

图 6.19　低海况海杂波数据分形维数计算结果

6.2　改进的 Sevcik 分形维数算法

1998 年,Carlos Sevcik 在分析 Katz 方法存在的两个问题的基础上,提出了一种新的估计时间序列分形维数的方法。该方法首先对两个坐标的数据进行了标准化处理,消除了由于量纲不同而可能给后续计算带来问题的隐患;同时 Sevcik 回到了 Hausdorff 维数的概念,重新设计了一种算法,使得在估算序列分形维数的时候更加精确。另外,Jannuary Gnitecki 和 Zahra Moussavi 在 2005 年误认为 Sevcik 的算法是把数据标准化方法和 Katz 的算法结合起来,得到了一种 KSFD 算法,后经过 Sevcik 本人发文澄清,认为 Sevcik 方法与 Katz 算法完全没有关系,是 Jannuary Gnitecki 和 Zahra Moussavi 的误读。

在应用中发现:运用 Sevcik 方法计算得到的分形维数往往与理论分形维数值有偏差。文献中指出,数据的标准化方式选择会对基因的表达有重要影响。这里考虑问题可能在于 Sevcik 算法中对数据采用极大极小值标准化法。为了对这一现象进行验证,文中分别采用"极大极小值标准化"法和"零均值标准化"法对时间序列进行预处理,再计算分形维数计算。通过结果对比表明:原 Sevcik 方法在计算分形维数时确实存在数值偏低的现象,而采用"零均值标准化"方法代替原来的"极大极小值标准化"方法计算得到的分形维数更接近理论值。

6.2.1 设计思路

1. Sevcik 方法

Sevcik 方法的具体流程为：给定一个长度为 N 的序列，横轴坐标为 $X = \{x_i, i=1,2,\cdots,N\}$，纵轴坐标为 $Y=\{y_i, i=1,2,\cdots,N\}$，对时间序列两个坐标的变量进行标准化，去除量纲的影响：

$$x_i^* = \frac{x_i}{x_{\max}}, \quad y_i^* = \frac{y_i - y_{\min}}{y_{\max-} \, y_{\min}} \tag{6.11}$$

对应的分形维数可以近似为

$$\mathrm{FD} = 1 + \frac{\lg L}{\lg(2N')} \tag{6.12}$$

式中　L——该时间序列的长度，$L = \sum\limits_{i=0}^{N'} \mathrm{dist}(i, i+1)$，$N' = N-1$。

2. Sevcik - Zscore 方法

Sevcik 方法首先用极大极小值标准化法对时间序列进行标准化，再进行后续的计算。在这里选择用零均值标准化方法对时间序列进行标准化，再进行后续处理，我们将该方法记为 Sevcik - Zscore 法。具体的计算过程如下：

给定一个长度为 N 的序列，横轴数据为 $X = \{x_i, i=1,2,\cdots,N\}$，纵轴数据为 $Y=\{y_i, i=1,2,\cdots,N\}$，计算各自的均值 μ_x，μ_y 和方差 σ_x，σ_y。对时间序列进行线性变换，对两个坐标的变量进行标准化，去除量纲的影响：

$$x_i^* = \frac{x_i - \mu_x}{\sigma_x}, \quad y_i^* = \frac{y_i - \mu_y}{\sigma_y} \tag{6.13}$$

对应的分形维数近似为

$$\mathrm{FD} = 1 + \frac{\lg L}{\lg(2N')} \tag{6.14}$$

式中　L——该时间序列的长度，$L = \sum\limits_{i=0}^{N'} \mathrm{dist}(i, i+1)$，$N' = N-1$。

6.2.2 算法性能分析

为了对两种算法的性能进行对比，合成满足条件的时间序列，分别运用 Sevcik 和 Sevcik - Zscore 方法进行分形维数估计，对比分析两种算法在 3 个方面的表现，评估两种算法的性能。

1. 实验数据

(1)FBM 序列。FBM(Fractal Market Hypothesis)序列是一个典型的非平稳自相似随机序列,它的产生比较方便。

1)生成一个均值为 μ,方差为 σ^2 的随机序列 $Z=\{z_i, i=1,2,\cdots,N\}$。

2)减去时间序列的均值。假设这个新的时间序列为 $X=\{x_i, i=1,2,\cdots, N\}$,式中 $x_i = z_i - \mu$。

3)用 x 的前 n 项和重新构造一个新的时间序列 $Y=\{y_i, i=1,2,\cdots,N\}$,式中,$y(n)=\sum_{i=1}^{n} x_i$,就得到了分形布朗运动序列。

(2)WMCF 序列。WMCF(Weierstrass-Mandelbrot Cosine Function)序列是从 WMF(Weierstrass-Mandelbrot Function)简化得到的,记作 $W(t)$,$W(t)$ 是个变尺度分形曲线,而 WMF 的分形维数 FD 定义为

$$W(t)=\sum_{-\infty}^{\infty}(1-e^{ib^k t})e^{i\varphi_k}/b^{(2-\text{FD})k}, 1 < D < 2$$

式中 φ_k 随机相位,它每一个随机取值,确定了一个具体的函数 $W(t)$。

这个函数处处连续但是处处不可导。假设 $\varphi_k = 0$,并提取 $W(t)$ 的实部就可以得到 WMCF 的值:

$$C(t)=\sum_{-\infty}^{\infty}[1-\cos(b^k t)]/b^{(2-\text{FD})k} \tag{6.15}$$

(3)WCF 序列。WCF(Weierstrass Cosine Function)是个典型的分形序列,它的定义如下:

$$W_H(t)=\sum_{k=0}^{\infty}\gamma^{-kH}\cos(2\pi\gamma^k t), \quad 0 < H < 1 \tag{6.16}$$

式中,$\gamma > 1$。这个函数处处连续却处处不可导。它的分形维数是 $D = 2 - H$。如果 γ 是整数时,它是个周期为 1 的周期函数。

(4)TF 序列。TF(Takagi Function)是一个具有分形特性的时间序列,它的定义为

$$K(t)=\sum_{k=0}^{\infty}a^k\varphi(b^k t)$$

式中　$\varphi(t)$——与整数的距离,如 $\varphi(t)=|bt-\text{round}(bt)|$;

　　　　b——大于 1 的整数;

　　　　a——实数,取值范围为 $(0,1)$。

如果 $ab > 1$,该函数处处连续但处处不可导,这里设为 $b=2, a \in [1/2,1]$,$k_{\max}=100, t \in [0,1]$ 时,此时的分形维数满足 $D = \lg(4a)/\lg b$。

(5)海杂波数据。本实验所用雷达数据是加拿大 IPIX(Intelligent pixel-processing)雷达的海杂波的数据中第 17♯cdf 文件,照射的海面区域共分为 14 个距离门,其中在第 9 个距离门有一个直径为 1 m 的球状金属网覆盖的塑料泡沫作为目标,每个距离门内采集的回波数据为 131 071 个点。

2.算法性能分析

为了分析两种标准化方法对 Sevcik 算法计算分形维数的影响,本节分别从准确性、运算时间、数据长度的影响以及抗噪性能几个方面进行分析比较。

(1)准确性比较:

1)产生满足以下要求的 FBM 序列和 WMCF 序列:分形维数 FD 在 1.1~1.9 之间,步进为 0.1,数据长度为 4 096 点。

2)分别用 Sevcik 方法和 Sevcik‐Zscore 算法对每组数据进行分形维数计算。

3)重复 1)和 2),计算 100 次,求平均值。

4)分别计算两种方法得到的结果误差和误差百分比,绘制误差和曲线。结果如图 6.20 和图 6.21 所示。

图 6.20(a)是 FBM 序列的分形维数估计曲线,横坐标为每组 FBM 序列的理论分形维数,图中曲线分别是用两种方法对各组 FBM 序列进行分形维数计算后得到的分形维数的估计值。图 6.20(b)是 FBM 序列分形维数估计误差曲线;图 6.21(a)是 WMCF 序列的分形维数估计曲线,图 6.21(b)是 WMCF 序列分形维数估计误差曲线。

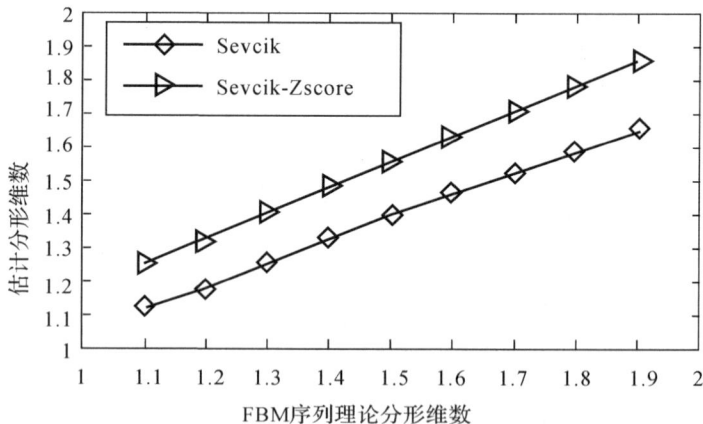

(a)

图 6.20　两种算法计算 FBM 分形维数准确性对比

(a)FBM 序列分形维数计算结果对比

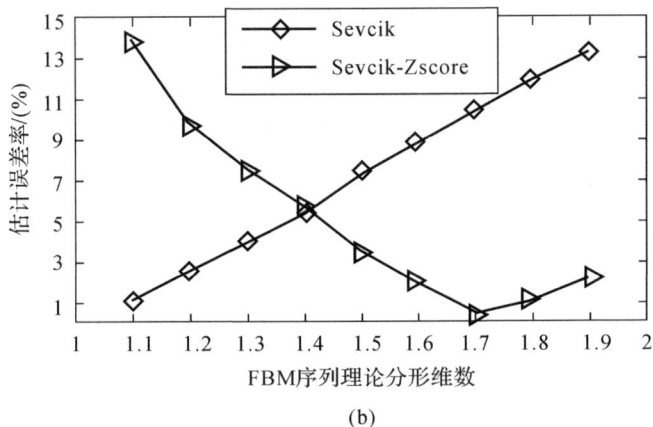

(b)

续图 6.20　两种算法计算 FBM 分形维数准确性对比

(b)FBM 序列分形维数计算误差对比

由图 6.20 可知,随着 FBM 序列分形维数从 1.1 增大到 1.9 的过程中,Sevcik 方法的计算误差逐渐升高,精度逐渐降低,而 Sevcik－Zscore 方法的计算误差逐渐减小,精度逐渐提高,并且两条误差曲线在分形维数等于 1.4 的时候相交(此时误差为 5％)。

在图 6.21 中,两种方法的计算误差呈现出类似的规律,即分形维数较小时,Sevcik 算法误差小,精度高;分形维数较大时,Sevcik－Zscore 算法误差小,精度高。不同于图 6.20 的是,两条误差曲线相交的位置在分形维数处于 1.1～1.2 之间,此时的误差率为 6％左右。

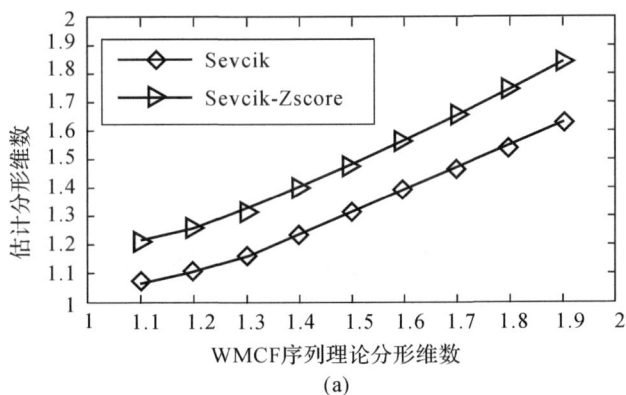

(a)

图 6.21　两种算法计算 WMCF 分形维数准确性比

(a)WMCF 序列分形维数计算结果对比

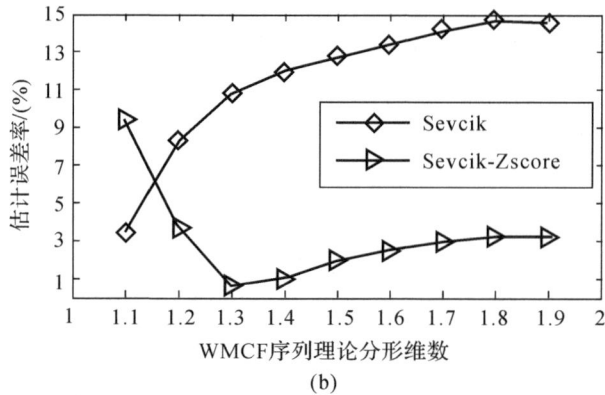

(b)

续图 6.21　两种算法计算 WMCF 分形维数准确性比

(b)WMCF 序列分形维数计算误差对比

综合图 6.20 和图 6.21 可知,在计算合成序列的分形维数时,Sevcik 方法适用于分形维数较小的情形,而 Sevcik - Zscore 方法适用于分形维数较大的情形。

(2)运算时间比较。设置 FBM 和 WMCF 时间序列满足:分形维数 FD 在 1.1~1.9 之间变化,步进为 0.1,数据长度为 4 096 点。分别计算 Sevcik 方法和 Sevcik - Zscore 方法在进行每次计算的运行时间,分别绘制曲线如图 6.22 所示。图 6.22(a)是针对 FBM 序列计算分形维数时的运算时间,图 6.22(b)是针对 WMCF 序列计算分形维数时的运算时间。

从图 6.22 中可以看出,Sevcik 方法耗时 0.4 ms 左右,而 Sevcik - Zscore 方法耗时有所增加,耗时 0.7 ms 左右。

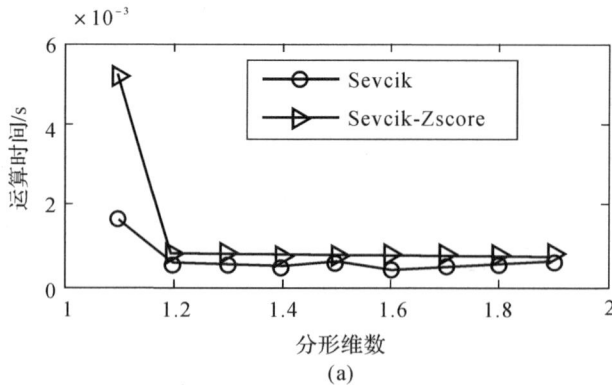

(a)

图 6.22　两种算法的运算时间比较

(a)计算 FBM 序列分形维数运行时间

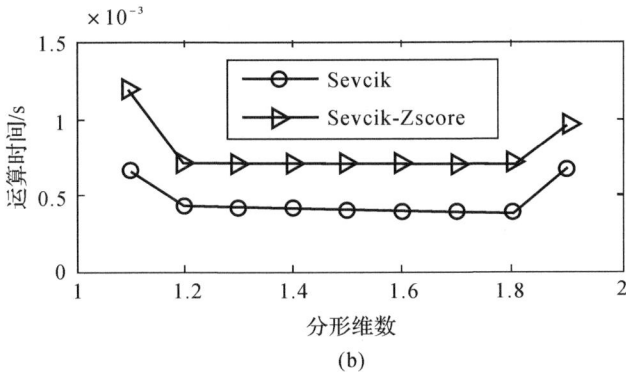

续图 6.22　两种算法的运算时间比较

(b)计算 WMCF 序列分形维数运行时间

通过分析可知,Sevcik – Zscore 算法耗时增加的原因是在进行数据预处理阶段涉及一次均值计算和一次标准差计算,增加了算法的时间成本。

(3)数据长度对精度的影响。设置 FBM 和 WMCF 序列满足:FD=1.5,数据长度变化从 2^7 点,变化到 2^{17} 点。重复计算 100 次,分别运用两种算法计算各个长度下的时间序列的分形维数平均值,并绘制曲线,如图 6.23、图 6.24 所示,其中横线为理论分形维数参考线。

图 6.23(a)是针对 FBM 序列分析数据长度对分形维数的影响曲线,图 6.23(b)是针对 FBM 序列分析数据长度对分形维数计算误差率的影响曲线。图 6.24(a)是针对 WMCF 序列分析数据长度对分形维数的影响曲线,图 6.24(b)是针对 WMCF 序列分析数据长度对分形维数计算误差率的影响曲线。

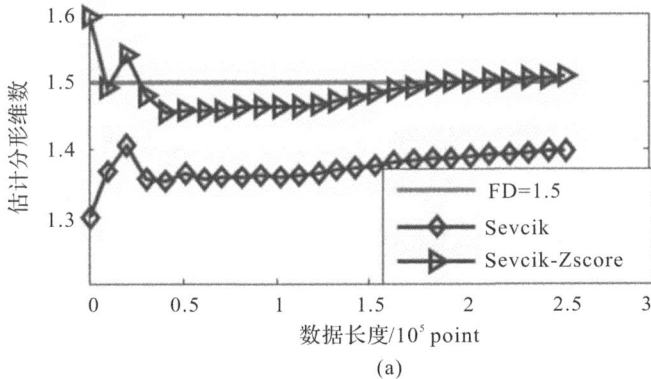

图 6.23　数据长度对两种算法的影响(FBM)

(a)数据长度对 FBM 分形维数的影响

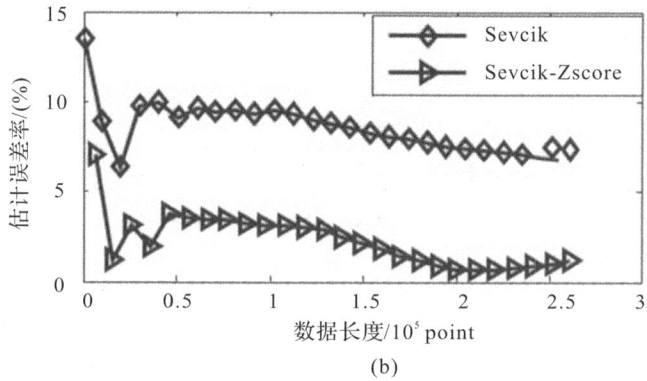

(b)

续图 6.23　数据长度对两种算法的影响（FBM）

（b）数据长度对 FBM 分形维数计算误差的影响

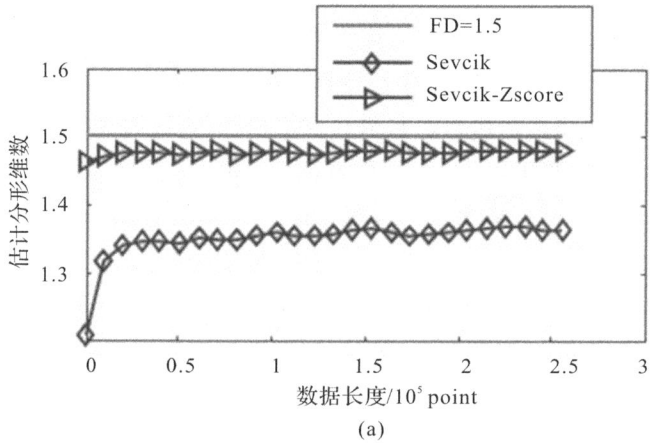

(a)

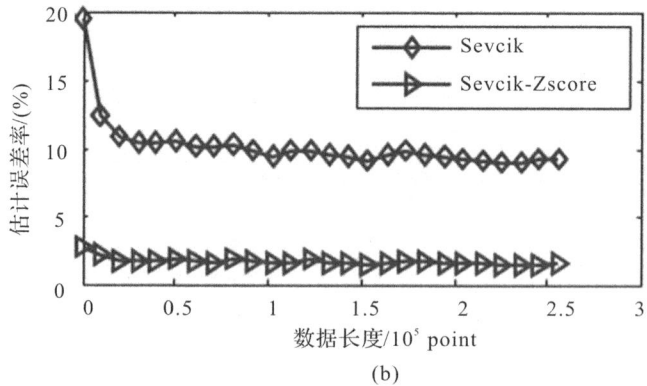

(b)

图 6.24　数据长度对两种算法的影响（WMCF）

（a）数据长度对 WMCF 分形维数的影响；　（b）数据长度对 WMCF 分形维数计算误差的影响

由图 6.23 可知,在对 FBM 序列进行分形维数计算时,随着数据长度的增加,两种方法的计算精度在经历微弱抖动之后,逐步提高。从总体上看,数据长度越长,计算误差越小,精度越高。Sevcik - Zscore 方法的计算精度高于 Sevcik 方法。

由图 6.24(a)可知,在对 WMCF 序列进行分形维数计算时,Sevcik 方法得到的分形维数随着数据长度的增加逐渐上升,并趋于稳定值,而 Sevcik - Zscore 方法计算得到的分形维数基本不受数据长度变化的影响。由图 6.24(b)可知,Sevcik - Zscore 方法的计算误差稳定在 3%,而 Sevcik 方法的计算误差在 10% 附近。从对 WMCF 序列的分形维数计算过程来看,Sevcik - Zscore 方法的计算精度高于 Sevcik 方法。

(4)信噪比对精度的影响。为了研究算法的抗噪特性,给原始时间序列添加满足需求的高斯白噪声。设置 FBM 和 WMCF 序列满足:FD=1.5,控制叠加后的信噪比 SNR 从 1 变化到 100。分别运用两种方法计算各信噪比下叠加序列的分形维数,并绘制虚线如图 6.25 所示。图 6.25(a)是 FBM 的分形维数随信噪比的变化曲线,图 6.25(b)是 WMCF 序列的分形维数随信噪比的变化曲线。

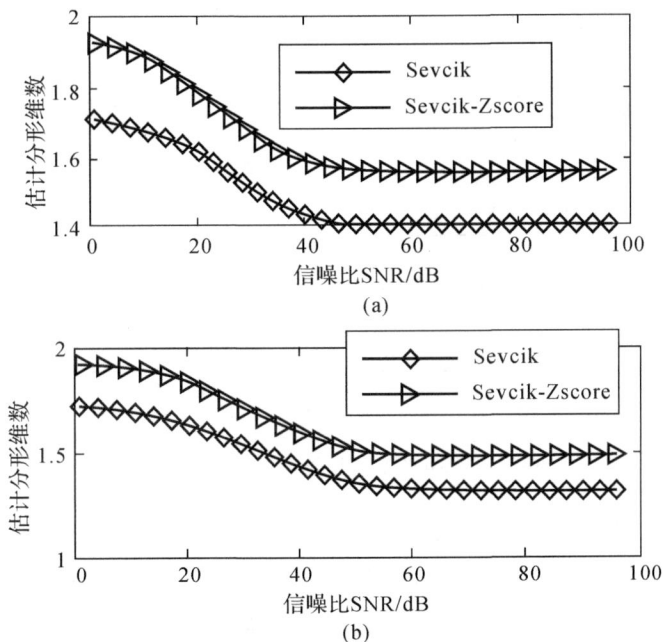

图 6.25　时间序列信噪比对算法结果的影响

(a)FBM 序列的信噪比对分形维数的影响;　(b)WMCF 序列的信噪比对分形维数的影响

从图 6.25 中可以看出,两种方法计算得到的分形维数会随着 SNR 的升高而下降,当 SNR 升高到一定阈值时,分形维数稳定在一个值附近,两种算法具有类似的抗噪性能。

综合图 6.20～图 6.25 可知,运用 Sevcik - Zscore 方法计算得到分形维数都要大于 Sevcik 方法计算得到的分形维数,这可能是由于数据在进行标准化的过程中,造成原始数据序列分形信息损失,从而导致分形维数降低。分形信息损失越多,计算得到的分形维数就越小。极大极小值标准化法把原始时间序列映射到[0,1]区间内,造成时间序列的分形信息部分丢失,计算得到的分形维数就会偏低。而 Zscore 标准化方法造成的分形信息损失较少,相应的算法计算得到的分形维数就会比前者较大,更接近数据的理论分形维数。另外,由于 Sevcik 算法中涉及两点间距离的计算,如果不进行数据标准化处理而直接代入后续的计算,会因为横纵坐标量纲不同,导致其他不可预期的问题。

6.2.3 海杂波背景下的目标检测效果分析

针对雷达在 14 个距离门中的海杂波数据,截取数据长度为 131 072,分别运用两种方法进行分形维数计算,并绘制分形维数与距离门的对应曲线,如图6.26 所示。

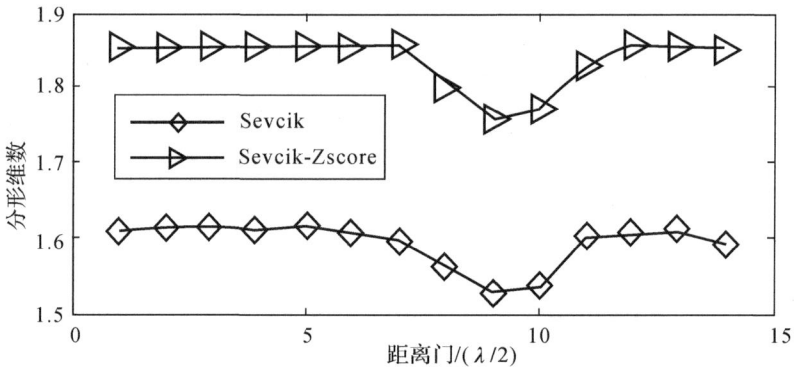

图 6.26 两种方法计算海杂波分形维数

从图 6.26 可知,在第 9 个距离门附近,分形维数有明显的降低,这与实际情况是一致的:在第 9 个距离门内的海面上,放置有一个直径为 1 m 的金属网覆盖的泡沫目标。由于人造目标的存在,第 9 个距离门内海杂波的不规则特性有所降低,反映到分形维数上表现为该距离门内海杂波的分形维数低于其他无目标的距离门内海杂波分形维数。这两种方法在这一点上是一致的。

Sevcik – Zscore 方法计算得到的分形维数在无目标的几个距离门内数值波动很小,而 Sevcik 方法计算得到的分形维数在无目标时的距离门内有较大波动,所以采用 Sevcik – Zscore 方法。更容易通过分形维数判断目标的位置区域。

6.3　基于 Euler 距离的 Higuchi 分形维数算法

6.3.1　Higuchi 算法抗噪性能分析

众所周知,噪声会影响时间序列分形维数的计算,使其无法准确揭示其分形特性。而在信号采集的过程中,不可避免地受到噪声的污染。Higuchi 方法分别因其精度高和速度快而在生物医药学等时间序列分析中得到了较为广泛的应用,但是该方法的抗噪性能却鲜有报道。本节针对噪声对分形维数的影响,重点对 Higuchi 方法在计算时间序列分形维数时的抗噪能力进行分析,结果表明,Higuchi 算法具有一定的抗噪特性。

1. 抗噪分析方法

Higuchi 分形维数计算过程见 6.1.1 节,整个抗噪分析过程由以下几个步骤组成:

(1)计算白噪声的 Higuchi 分形维数 HFD(Higuchi Fractal Dimension)计算。产生高斯白噪声时间序列,运用 Higuchi 算法计算得到其分形维数,作为一个基准值。

(2)分析带噪声合成时间序列 SNR(Signal to Noise Ratio)对 HFD 的影响。为了研究噪声对 Higuchi 算法计算得到的分形维数的影响,采用对原始信号叠加噪声的方式,以信噪比 SNR 为标准,逐步增大噪声强度,在信号变化的同时,计算信号的 Higuchi 分形维数,观察和分形维数的数值变化。

假设时间序列 $X = S + N$,式中,S 为原信号,其信号强度为 D_S,功率为 P_S,N 是白噪声,均值为 0,噪声强度为 D_N,这里需要特别说明的是信号的强度是指信号的最大幅度。

SNR 定义为

$$\text{SNR} = 10\lg\frac{P_S}{P_N} = 10\lg\frac{D_S^2}{D_N^2} = 20\lg\frac{D_S}{D_N} \tag{6.17}$$

在获取时间序列时可以将原信号 S 不变,设定信噪比 SNR,D_S 取原信号 S 的最大值,通过变换式(6.17),可得噪声强度 $D_N = D_S/10^{\text{SNR}/20}$,以此获得噪声信号。再将原信号 S 与噪声信号 N 叠加,即可得到时间序列 X。

在此基础上,计算时间序列 X 的 Higuchi 分形维数。逐步增大 SNR 的值,重复上述过程,即可得到 SNR 与 HFD 的关系曲线。

(3)实际带噪声测量时间序列的 HFD 随 SNR 变化曲线。

1)对测量时间序列运用前面所述的小波方法进行去噪后,作为原信号。

2)按照 6.2 节的原理,设置 SNR,根据原信号的强度,计算噪声的强度,并产生噪声,与原信号进行叠加,得到时间序列;运用 Higuchi 方法计算 HFD。

3)逐步增大 SNR 的值,重复上述过程,得到 SNR 与测量信号的 HFD 的关系曲线。

2. 实验数据

为了进行 Higuchi 算法的抗噪分析,这里分别使用合成的时间序列和从实际系统中测试得到的测量序列作为原信号,叠加典型的高斯白噪声序列,得到待分析的时间序列。运用 Higuchi 方法,对待分析的时间序列计算分形维数。

(1)高斯白噪声序列。高斯白噪声序列是信号处理中最具有代表性的信号。白噪声的名称来源于牛顿,他指出白光包含了所有频率的光波;高斯指它服从高斯分布。为了模拟所研究的客观对象,人们提出了很多产生近似高斯白噪声的方法,这里在 Matlab 中用 randn 函数产生近似高斯白噪声序列,这也是产生与其他序列叠加是用到的噪声。

(2)布朗运动序列。分形布朗运动是个非平稳的自相似随机过程,它的建模过程与轨迹关联,例如 $1/f$ 噪声。为了在这里产生布朗运动序列,借助 Matlab 中的 wfbm(H,N)函数,其中,H 代表 Hurst 指数,N 代表序列的长度。序列的分形维数 FD 与 Hurst 指数的转换关系可以用 FD$=2-H$。

(3)WCF 序列。WCF 是个典型的分形序列定义为

$$W_H(t) = \sum_{k=0}^{\infty} \gamma^{-kH} \cos(2\pi \gamma^k t) \qquad 0 < H < 1$$

式中,$\gamma > 1$。该函数处处连续却处处不可导。它的分形维数是 $D = 2 - H$。如果 γ 是整数时,它是个周期为 1 的周期函数。

(4)TF 序列。TF(Time Fraction)是一个具有分形特性的时间序列,它的定义为

$$K(t) = \sum_{k=0}^{\infty} a^k \varphi(b^k t)$$

式中　$\varphi(t)$——与整数的距离,如 $\varphi(t) = |bt - \text{round}(bt)|$;

　　　b——大于 1 的整数;

　　　a——实数,取值范围为(0,1)。

如果 $ab>1$，该函数处处连续但处处不可导，这里设为 $b=2,a\in[1/2,1]$，$k_{\max}=100$；$t\in[0,1]$ 时，此时的分形维数满足 $D=\lg(4a)/\lg(b)$。

3. 仿真与分析

(1)高斯白噪声的分形维数计算。在 Matlab 中用 randn 函数产生 50 组高斯白噪声序列，每组数据长度为 2^{12}，运用 Higuchi 方法对高斯白噪声的分形维数进行计算。具体结果如图 6.27 所示。由图 6.27 可知，用 Higuchi 方法计算得到的高斯白噪声的分形维数为 2，这一结果可以在分析噪声对信号的分形维数的影响的过程中，作为一个基准值。

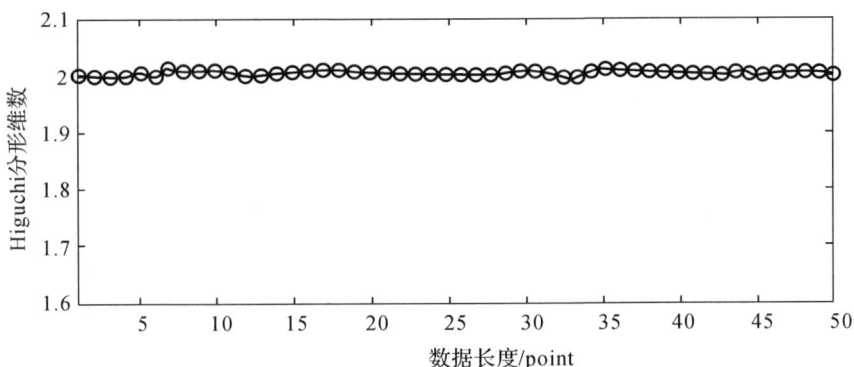

图 6.27　高斯白噪声的 Higuchi 分形维数

(2)布朗运动序列分形维数与 SNR。一维的布朗运动随时间变化得到的时间序列具有分形特性，通过在 Matlab 内建函数 wfbm 控制参数 Hurst，根据 FD＝2－Hurst，产生不同理论分形维数的布朗运动时间序列。这里分别设置 FD＝1.2，FD＝1.5，FD＝1.8，采样点数为 $N=2^{12}$，得到的布朗运动时间序列如图 6.28 所示。

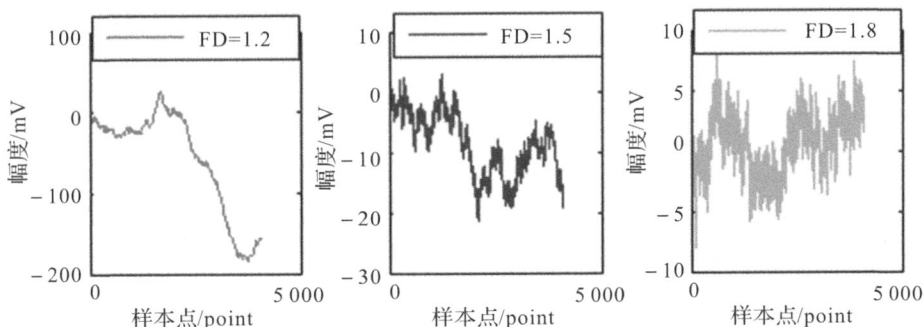

图 6.28　布朗运动时间序列

在原始的布朗运动时间序列上叠加均值为 0 的高斯白噪声,改变信噪比 SNR,分别用 Higuchi 方法计算在不同信噪比下的分形维数,得到的结果如图 6.29 所示。

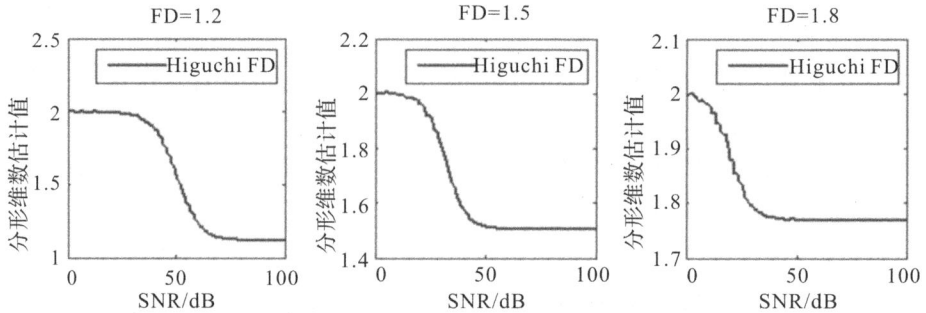

图 6.29　FBM 时间序列在不同 SNR 下估计得到的分形维数

由图 6.29 可知:在信噪比较小的时候,由于受到噪声的影响,计算得到的时间序列的分形维数要大于信号的理论分形维数;当信噪比逐步增大时,计算得到的分形维数逐步减小,当信噪比大于某一个值时,计算得到的分形维数会稳定在一个值附近小幅度波动,继续增大信噪比,分形为维数不再发生明显的变化,只进行小幅波动。

(3)WCF 序列的分形维数与 SNR。这里通过控制 H 实现控制分形维数,这里的其他参数设置为:$0<k<100$;时间 t 的区间是$(0,1)$,采样点数为 $N+1$,$\gamma=5$。图 6.30 展示的是分形维数 FD 分别为 1.2、1.5 和 1.8,长度为 2^{12} 的 WCF 时间序列,如图 6.30 所示。

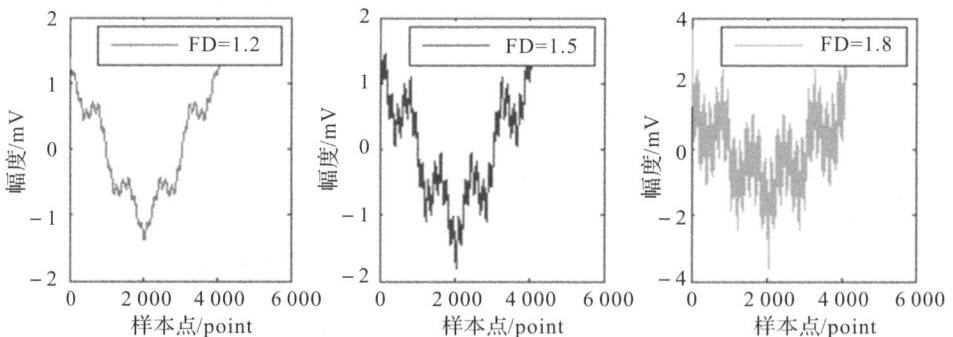

图 6.30　WCF 时间序列

在原始的 WCF 时间序列上叠加均值为 0 的高斯白噪声,改变信噪比,分别用两种方法计算在不同信噪比下的分形维数,得到的结果如图 6.31 所示。

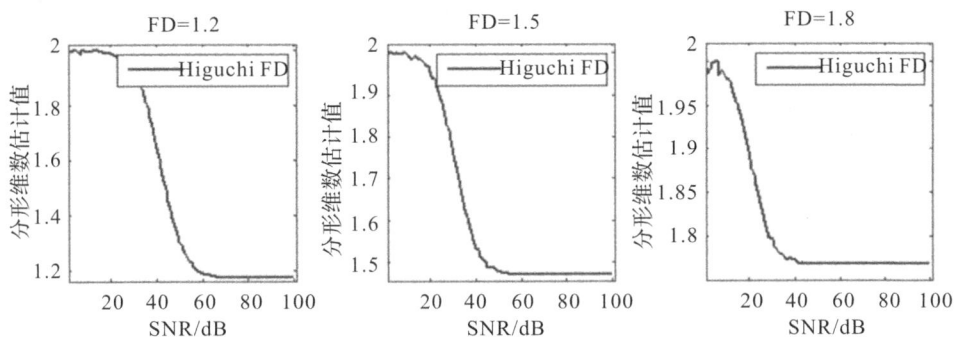

图 6.31　WCF 时间序列在不同 SNR 下估计得到的分形维数

由图 6.31 可知：当信噪比较小时，计算得到的分形维数较大，与图 6.27 比较可知，此时的分形维数与高斯白噪声的分形维数很接近，主要反映的是时间序列的噪声特性；逐步增大信噪比，分形维数逐步下降；在信噪比增大到某一个值时，分形维数不再继续减小，而是在一个稳定值附近做小幅度的波动，这一稳定值就是信号真正的分形维数。

（4）TF 序列的分形维数与 SNR。控制 TF 表达式中 D 和 $b = 2$，让 a 在一定范围内波动，可合成不同分形维数下的 TF 分形时间序列，图 6.32 展示的是长度为 2^{12}，分形维数分别为 1.2、1.5 和 1.8 的 TF 时间序列。

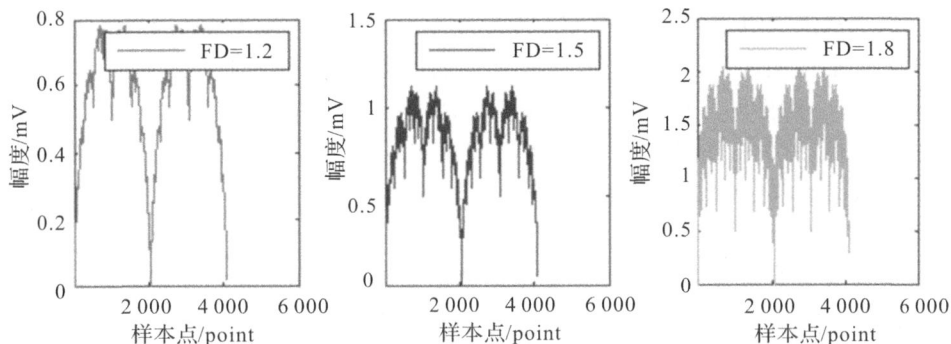

图 6.32　Takagi 时间序列

在原始的 TF 时间序列上叠加均值为 0 的高斯白噪声，改变信噪比，分别计算在不同信噪比下的分形维数，得到的结果如图 6.33 所示。

由图 6.33 可知：在信噪比较小时，时间序列的分形维数较大，在数值上与噪声的分形维数接近；在信噪比逐渐增大的过程中，计算得到的分形维数逐步减小；在信噪比超过了某一个值时，计算得到的分形维数不再发生变化，而是稳定在某一个值。另外，Higuchi 方法估计得到的分形维数高于理论值。

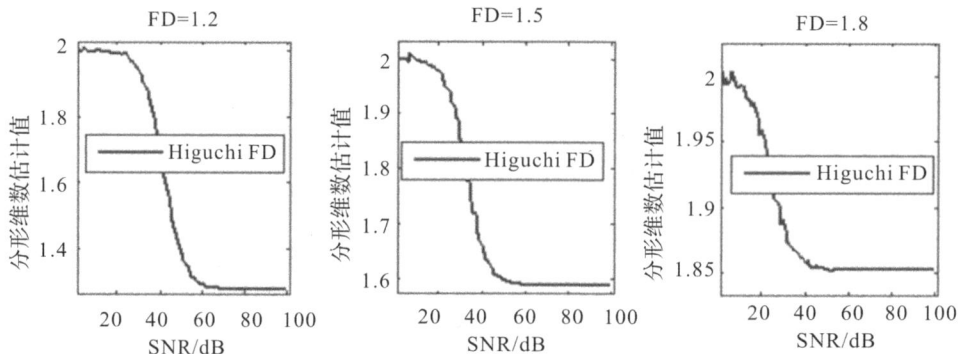

图 6.33　TF 时间序列在不同 SNR 下估计得到的分形维数

6.3.2　基于 Euler 距离的 Higuchi 分形维数计算

1988 年，Higuchi 经过修改 Burlage 和 Klein 的算法，针对离散的时间序列，提出了 HFD(Higuchi Fractal Dimension)算法。该方法无需进行相空间重构，直接在时间域内进行计算。对于理论的单重分形时间序列，HFD 可以很好地刻画其不规则程度和相似特性，由于其易于实现，且准确性较高，得到了诸多学者的关注。

Turunen 等用 HFD 算法对语音信号进行分析，M. Bachmann 等用 Higuchi 分形维数来检测人类 EEG 信号中极其微弱的隐性变化。有学者通过 HFD 算法计算 EEG 信号的分形维数进行情绪评估。W. Klonowski 等用 HFD 算法计算 EEG 信号的分形维数来分析患者的睡眠状态，C. Gómez 等用 HFD 算法来分析阿尔茨海默患者的 MEG 信号，L. Telesca 等用 HFD 算法来分析地震信号。

在应用中 HFD 也逐渐呈现出一些问题，一些学者开始对 HFD 算法进行改进和拓展。针对算法在实现过程中参数 Kmin 和 Kmax 的设置问题，许多学者在算法使用时依靠猜和试的方式，P. Paramanathan 和 R. Uthayakumar 提出了一种快速设置准则，Fussr 通过情绪评估，分析 EEG 信号，认为 Higuchi 算法不能准确地检测到情绪的峰值信号继而提出了一种新的算法，学者 S. Slad jana 在 2014 年把 Higuchi 算法拓展到了计算表面的二维 Higuchi 分形维数。

本节中针对 HFD 算法在对大批数据加滑动窗分析时，存在耗时较长、难以满足需求等问题，提出一种准确性及效率更高的分形维数算法——基于 Euler 距离的 HFD－Euler 算法，实验证明该方法能有效地提高算法的运算效率。

1.算法描述

(1)HFD 算法。HFD 算法的具体过程如下：

1)设一个 S 长度为 N 的时间序列 $X(1),X(2),\cdots,X(N)$，以延迟间隔 k，对时间序列进行抽取后得到 k 组数列 X_k^m，每一列的形式为：

$$X(m),X(m+k),X(m+2k),\cdots,X\left[m+\mathrm{floor}\left(\frac{N-m}{k}\right)k\right],m=1,2,\cdots,k \qquad (6.18)$$

将其按列排列，得到数据块为

$$
\begin{bmatrix}
 & m=1 & m=2 & m=3 & \cdots & m=k-1 & m=k \\
i=1 & x_1 & x_2 & x_3 & \cdots & x_{k-1} & x_k \\
i=2 & x_{1+k} & x_{2+k} & x_{3+k} & \cdots & x_{(k-1)+k} & x_{k+k} \\
i=3 & x_{1+2k} & x_{2+2k} & x_{3+2k} & \cdots & x_{(k-1)+2k} & x_{k+2k} \\
\vdots & \vdots & \vdots & \vdots & \vdots & \vdots & \vdots \\
i=j & x_{1+(j-1)k} & x_{2+(j-1)k} & x_{3+(j-1)k} & \cdots & x_{(k-1)+(j-1)k} & x_{k+(j-1)k} \\
\vdots & \vdots & \vdots & \vdots & \vdots & \vdots & \vdots \\
i=h-1 & x_{1+(h-2)k} & x_{2+(h-2)k} & x_{3+(h-2)k} & \cdots & x_{(k-1)+(h-2)k} & x_{k+(h-2)k} \\
i=h & x_{1+\mathrm{floor}\left(\frac{N-1}{k}\right)k} & x_{2+\mathrm{floor}\left(\frac{N-2}{k}\right)k} & x_{3+\mathrm{floor}\left(\frac{N-3}{k}\right)k} & \cdots & x_{(k-1)+\mathrm{floor}\left(\frac{N-(k-1)}{k}\right)k} & x_{k+\mathrm{floor}\left(\frac{N-k}{k}\right)k}
\end{bmatrix}
$$

$$(6.19)$$

式中，i 代表行号，m 代表列号，其中最后一行的数据 $x_{m+\mathrm{floor}\left(\frac{N-m}{k}\right)k}$，且最后一行的最后一个数是 $X(N)$。$h=\mathrm{floor}\left(\frac{N-1}{k}\right)+1$ 段，其中 $\mathrm{floor}\left(\frac{N-1}{k}\right)$ 为 $\left(\frac{N-1}{k}\right)$ 的整数部分。需要注意的是，当 m 取不同的值时，每一列的数据长度可能不完全相同。

例如，当 $k=3,N=100$ 时，该数据块为

$$
\begin{bmatrix}
x_1 & x_2 & x_3 \\
x_4=x_{1+3} & x_5=x_{2+3} & x_6=x_{3+3} \\
x_7=x_{1+3*2} & x_8=x_{2+3*2} & x_9=x_{3+3*2} \\
\vdots & \vdots & \vdots \\
x_{97}=x_{1+3\left[\mathrm{floor}\left(\frac{100-1}{3}\right)-1\right]} & x_{98}=x_{2+3\mathrm{floor}\left(\frac{100-2}{3}\right)} & x_{99}=x_{3+3\mathrm{floor}\left(\frac{100-3}{3}\right)} \\
x_{100}=x_{1+3\mathrm{floor}\left(\frac{100-1}{3}\right)} & &
\end{bmatrix}=
$$

$$\begin{bmatrix} x_1 & x_2 & x_3 \\ x_4 & x_5 & x_6 \\ x_7 & x_8 & x_9 \\ \vdots & \vdots & \vdots \\ x_{97} & x_{98} & x_{99} \\ x_{100} & & \end{bmatrix}$$

式中,第一列数据长度为 $h = \text{floor}\left(\dfrac{N-1}{k}\right) + 1 = 34$,后面的每一列长度为 33。

2)针对每一列 X_k^m 的曲线长度 $L_m(k)$ 可以通过下面的公式计算得到:

$$L_m(k) = \frac{1}{k}\left\{ \left\{ \sum_{i=1}^{\text{floor}\left(\frac{N-m}{k}\right)} X(m+ik) - X[m+(i-1)k] \right\} \frac{N-1}{\text{floor}\left(\frac{N-m}{k}\right)k} \right\} \quad (6.20)$$

式中,$\dfrac{N-1}{\text{floor}\left(\dfrac{N-m}{k}\right)k}$ 为标准化因子。将其变形可得

$$L_m(k) = \frac{1}{k}\left\{ \frac{N-1}{k} \times \frac{1}{\text{floor}\left(\dfrac{N-m}{k}\right)} \sum_{i=1}^{\text{floor}\left(\frac{N-m}{k}\right)} X(m+iK) - X[m+(i-1)k] \right\}$$

$$(6.21)$$

由此可知,2)可以详述为:①对上述数据块中的针对第 m 列的相邻数据计算曼哈顿距离(绝对值距离);②计算绝对距离平均值并乘以一个调整因子;③除以时间间隔 k。

3)总序列的曲线长度可以用 k 个延迟生成序列曲线的长度的平均值近似,即

$$L(k) = \frac{1}{k}\sum_{m=1}^{k} L_m(k) \quad (6.22)$$

4)对于 k 不同的值,得到一组关于 k 与 $L(k)$ 的曲线数据。绘制 $\lg[L(k)] \sim \lg k^{-1}$ 曲线,如果是一直线,说明 $L(k)$ 与 k 的关系如下:

$$L(k) \sim k^{-FD} \quad (6.23)$$

5)对数据进行直线拟合得到:

$\lg[L(k)] = FD \times \lg k^{-1} + C$,斜率即为时间序列的分形维数。

(2)HFD‐Euler 算法。由 6.1.2 节可知,在 HFD 算法中,通过前三步的计算得到了时间间隔 k 和序列曲线长度 $L(k)$ 的计算公式:

$$L(k) = \frac{1}{k} \sum_{m=1}^{k} \frac{1}{k} \left\{ \frac{N-1}{k} \times \right.$$

$$\left. \frac{1}{\text{floor}\left(\frac{N-m}{k}\right)} \sum_{i=1}^{\text{floor}\left(\frac{N-m}{k}\right)} |X(m+ki) - X[m+k(i-1)]| \right\}$$

(6.24)

分别在当 k 取连续的整数 $k = k_{\min} : k_{\max}$ 时,得到 $L(k)$ 和 $1/k$,分别计算其对数,得到 $\{\ln(1/k), \ln[L(k)]\}$ 数据对,对其进行直线拟合,提取斜率,得到了 HFD。

在 HFD 方法中,在 2)中计算分段曲线的距离时,采用了绝对值距离,也叫曼哈顿距离(Manhattan Distance),在实际中,欧氏距离(Euler Distance)的应用更加广泛,因此在计算 HFD 过程中,用欧氏距离

$$\sqrt{\sum_{i=1}^{\text{floor}\frac{N-m}{k}} \{|x(m+ki) - x[m+k(i-1)]|\}^2}$$

(6.25)

代替绝对值距离

$$\sum_{i=1}^{\text{floor}\frac{N-m}{k}} |X(m+ik) - X[m+(i-1)k]|$$

(6.26)

并整理可得到 HFD – Euler 算法:

1)同 HFD 算法中的 1)。

2)针对每一列 X_k^m 的曲线长度 $L_m(k)$ 可以通过下面的公式计算得到:

$$L_k(k) = \frac{1}{k} \sum_{m=1}^{k} \frac{1}{k} \left\{ \frac{N-1}{\text{floor}\left(\frac{N-m}{k}\right)k} \right.$$

$$\left. \sqrt{\sum_{i=1}^{\text{floor}\left(\frac{N-m}{k}\right)} \{|x(m+ki) - x[m+k(i-1)]|\}^2} \right\}$$

(6.27)

式中　$\dfrac{N-1}{\text{floor}\left(\dfrac{N-m}{k}\right)k}$——标准化因子。

步骤 2)也可详述为:①对上述数据块中的针对第 m 列的相邻数据计算欧氏距离;②计算欧氏距离平均值并乘以一个调整因子;③除以时间间隔 k。

3)同 HFD 算法中的 3)。

4)同 HFD 算法中的 4)。

5)对数据进行直线拟合,得到直线的斜率 FD_temp,对斜率进行修正后得到,FD_Euler = FD_temp + 0.5。FD_Euler 就是 HFD – Euler 算法的分形维数

结果。需要指出的是,公式中的修正值 0.5 是由实验获得的经验修正量,该值对大量的仿真序列适用。

2. 实验数据

(1) TF 序列。TF(Takagi Function)序列为

$$\text{TF}(t) = \sum_{m=0}^{\infty} a^m \varphi(b^m t) \tag{6.28}$$

式中 $\varphi(b^m t)$ ——与整数的距离,如 $\varphi(b^m t) = |bt - \text{round}(bt)|$;

$\quad\quad b$ ——大于 1 的整数;

$\quad\quad a$ ——一个实数,取值范围为 $(0, 1)$。

如果 $ab > 1$,该函数处处连续但处不可导,这里设为 $b = 2, a \in [1/2, 1]$,$m_{\max} = 100; t \in [0, 1]$ 时,此时的分形维数满足 $FD = \lg(4a)/\lg b$,设置 FD 和 $b = 2$,让 a 在一定范围内波动,就可以合成不同分形维数下的 TF 分形时间序列。

(2) WCF 序列。WCF(Weierstrass Consine Function)序列定义为

$$W_H(t) = \sum_{k=0}^{\infty} \gamma^{-kH} \cos(2\pi\gamma^k t), \quad 0 < H < 1 \tag{6.29}$$

式中,$\gamma > 1$。这个函数处处连续却处处不可导,其分形维数 $D = 2 - H$,如果 γ 是整数,该函数为周期函数(周期为 1)。通过控制 H 来实现控制分形维数,其他参数设置为 $0 < k < 100$;时间 t 的区间为 $(0, 1)$,采样点数为 $N + 1, \gamma = 5$。

(3) WMCF 序列。WMCF(Weierstrass – Mandelbrot Cosine Function)序列是从 WMF(Weierstrass – Mandelbrot Function)简化得到的,记作 $W(t)$,$W(t)$ 是个变尺度分形曲线,而 WMF 的分形维数 FD 定义为

$$W(t) = \sum_{-\infty}^{\infty} (1 - e^{ib^k t}) e^{i\varphi_k} / b^{(2-FD)k}, \quad 1 < D < 2 \tag{6.30}$$

式中,φ_k 是随机相位,它每一个随机取值,确定了一个具体的函数 $W(t)$。这个函数处处连续但是处处不可导。假设 $\varphi_k = 0$,并提取 $W(t)$ 的实部就可以得到 WMCF(Weierstrass Mandelbrot Consine Function):

$$C(t) = \sum_{-\infty}^{\infty} [1 - \cos(b^k t)] / b^{(2-FD)k} \tag{6.31}$$

(4) FBM 序列。FBM(Fractal Brown Motion Time Series)是一个典型的非平稳自相似随机序列,它的产生比较方便,步骤为:

1) 生成一个均值为 μ,方差为 σ^2 的随机序列 $Z = \{z_i, i = 1, 2, \cdots, N\}$。

2) 减去时间序列的均值。假设这个新的时间序列为 $X = \{x_i, i = 1, 2, \cdots, N\}$,式中 $x_i = z_i - \mu$。

3）用 x 的前 n 项和重新构造一个新的时间序列 $Y=\{y_i, i=1,2,\cdots,N\}$，式中，$y_i=\sum\limits_{i=1}^{n} x_i$，就得到了分形布朗运动序列。

3. 仿真与分析

为了分析和对比两种算法的性能，首先就两种算法，用合成的典型分形序列 TF、WCF、WMCF 和 FBM 从准确性，运算时间和数据长度对计算准确性的影响三个方面进行对比。进而将两种算法运用到海杂波背景下的微弱目标检测中，对比其在实际应用中的性能。

（1）准确性。设定分形维数 FD＝1.01：0.01：1.99，合成上述四种分形序列，长度为 131 072 点。分别对每一序列添加长度的为 4 096 点的滑动窗，对每个窗内截取的数据用两种算法进行分形维数估计；完成一次计算后，滑动窗向后滑动 64 点，再次进行计算；一共滑动 50 次后，将 50 次分形维数估计值求平均值，计算各算法的估计误差，分形维数的估计误差如图 6.34 所示。图 6.34(a)～(d)分别是两种算法针对 TF、WCF、WMCF 和 FBM 4 种序列的分形维数计算准确性对比曲线。

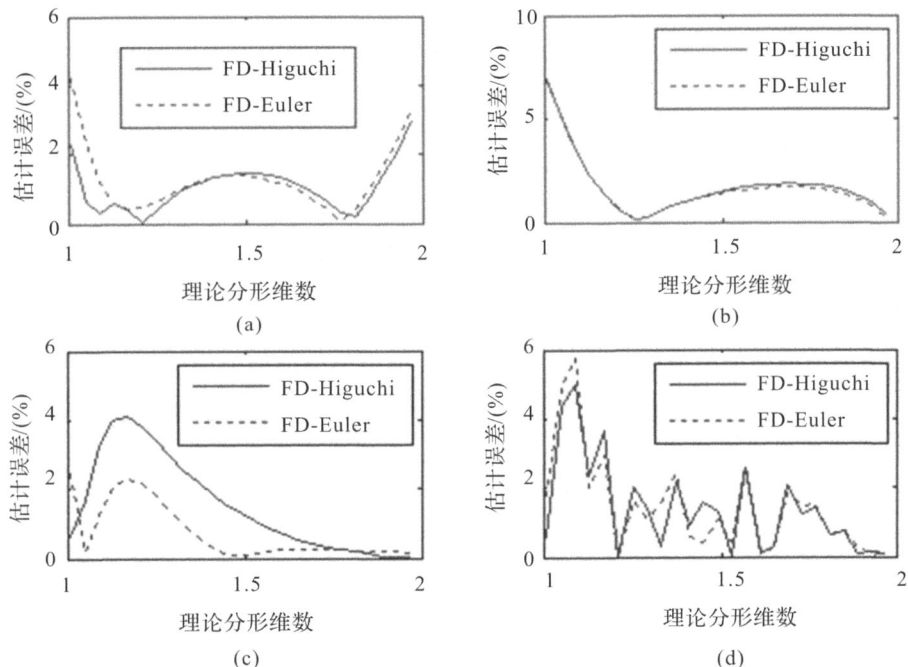

图 6.34　HFD－Euler 和 HFD 算法在不同的理论分形维数下的估计误差比较

(a)TF；　(b)WCF；　(c)WMCF；　(d)FBM

由图 6.34(a)(b)(d)可知,在对 TF、WCF、FBM 序列的分形维数估计过程中,HFD 和 HFD - Euler 算法的估计误差差距不大;但在图 6.34(c)中,计算 WMCF 序列的分形维数,理论维数在(1.1,1.7)区间内时,HFD - Euler 算法的估计误差要明显低于 HFD 的估计误差。在理论维数 1.2 附近,HFD - Euler 的估计相对误差为 2%,HFD 算法的估计相对误差为 4%,前者的准确性较后者提高了 1 倍。

(2)运算时间。设定分形维数 FD=1.5,数据长度为 2^{16},合成 4 种分形序列;对每一序列加滑动窗截取数据,窗体长度 len=2^9：2^9：2^{15},对每一个窗体长度进行滑动,每次滑动步长为 64 点,共计滑动 50 次。对每个窗体中的数据用两种算法进行分形维数估计,记录每次的运算时间,将 50 次的运行时间求均值。两种算法在不同窗体长度下对应的平均运算时间如图 6.35 所示。图 6.35(a)～(d)分别是两种算法针对 TF、WCF、WMCF 和 FBM 4 种序列在不同窗体长度下的平均运算时间对比曲线。表 6.1 中是两种算法对四种序列不同数据长度下进行分析时运算时间差的极值表。

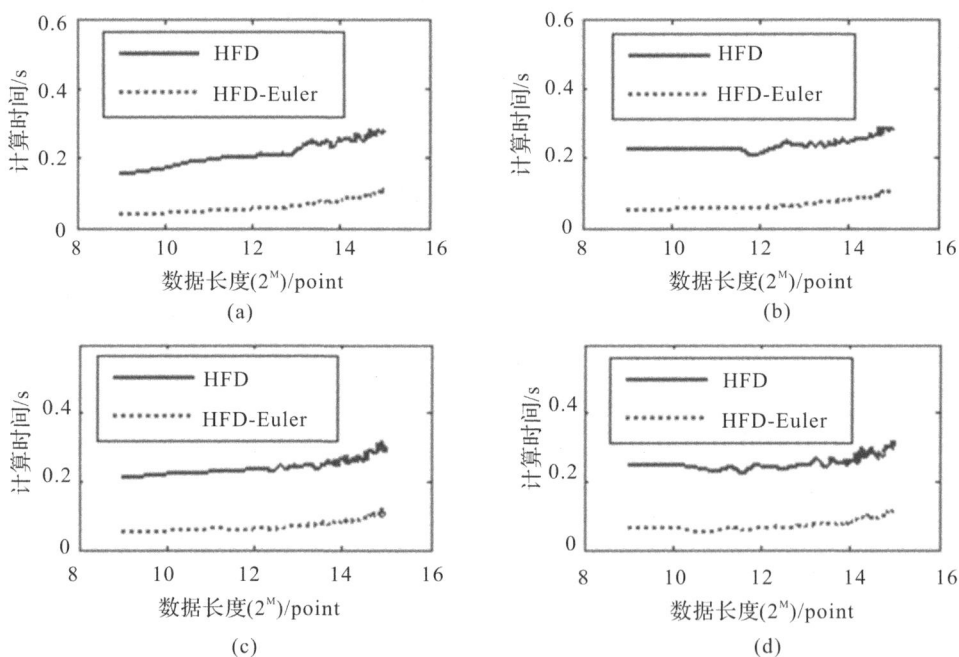

图 6.35　HFD - Euler 和 HFD 算法在不同数据长度下平均运行时间比较
(a)TF；　(b)WCF；　(c)WMCF；　(d)FBM

由图 6.35(a)～(d)可知,针对 4 种序列在不同长度下的计算过程,HFD - Euler

算法的平均运算时间均比 HFD 算法的平均运算时间短。由表 6.1 可知：两种算法运算时间差的最大值为分析 WMCF 时出现的 0.209 4 s，此时窗体长度为 28 672 点，HFD 算法的平均运算时间为 0.311 8 s，HFD - Euler 算法的平均运算时间为 0.102 3 s；HFD - Euler 算法的运行时间仅为 HFD 算法的 32.8%。在进行大批量数据多次运算时，优势更为突出。

表 6.1　运行时间差极值比较

分形序列	运算时间差/s	
	最小值	最大值
TF	0.120 3	0.185 5
WCF	0.153 9	0.191 3
WMCF	0.158 0	0.209 4
FBM	0.166 6	0.202 7

（3）数据长度对算法准确性的影响。不同的数据长度，对应不同的计算结果，对应不同的计算误差。设定分形维数 FD＝1.5，数据长度为 2^{16}，合成 4 种分形序列；对每一序列加滑动窗截取数据，窗体长度 len＝2^9 : 2^9 : 2^{15}，对每一个窗体长度进行滑动，每次滑动步长为 64 点，共计滑动 50 次。对每个窗体中的数据用两种算法进行分形维数估计，将 50 次的计算结果进行均值计算。两种算法在不同窗体长度下对应的误差如图 6.36 所示。图 6.36(a)～(d)分别是两种算法针对 TF、WCF、WMCF 和 FBM 4 种序列在不同窗体长度下的两种算法的估计误差对比曲线。

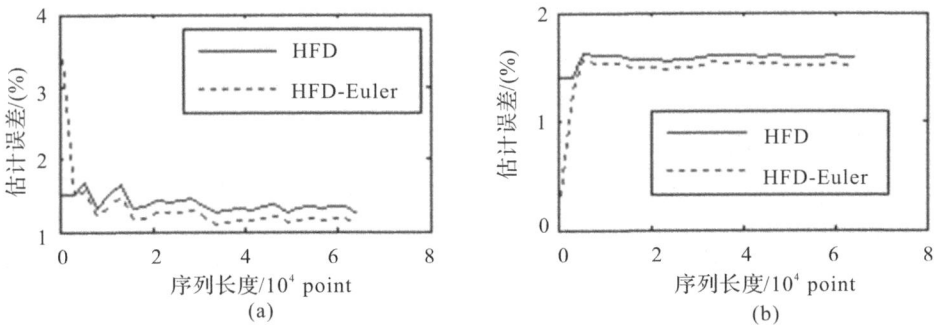

图 6.36　不同的数据长度对 HFD - Euler 和 HFD 算法的误差的影响曲线

(a)TF；　(b)WCF

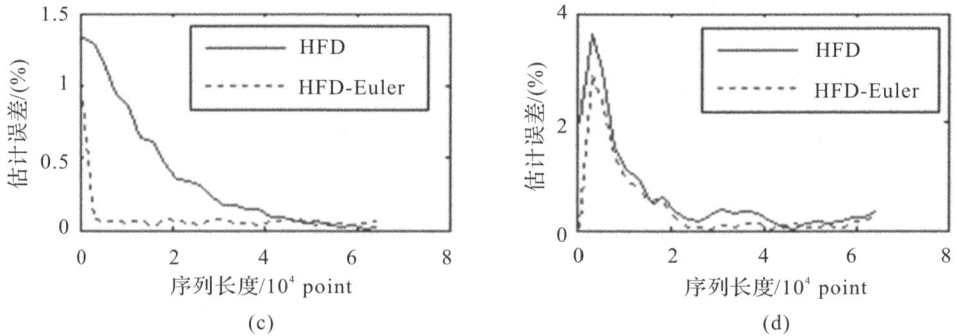

续图 6.36　不同的数据长度对 HFD－Euler 和 HFD 算法的误差的影响曲线
(c)WMCF；　(d)FBM

由图 6.36(a)(b)(d)可知：数据长度对两种算法的估计误差的影响比较接近，在同等条件下，HFD－Euler 的误差率比 HFD 算法的误差率略小。但在图 6.36(c)中，分析 WMCF 序列的过程中，HFD－Euler 算法在较短的数据长度(2 000)时就能得到较低的误差率 0.2%，而 HFD 算法在数据长度达到 30 000 时才能得到相近的误差率；在进行 WMCF 序列的分形维数估计过程中，HFD－Euler 算法在短数据长度下具有更低的误差率。

4.海杂波背景下目标检测效果分析

当海杂波中包含目标时，会使原来的海杂波的分形特性发生变化。利用这个特点可以进行海杂波背景下的目标检测。然而，海况的不同会导致海杂波数据的分形维数发生变化，这会给雷达的目标检测识别工作带来困难。

为了验证该算法的目标检测效果，本节中共采用了三类数据，它们分别是：高低两种海况下的海杂波数据，第 17♯cdf 文件(高海况包含有目标)，第 54♯cdf 文件(低海况包含有目标)。

第 17♯cdf 文件是浪高 2.1 m 时进行实验获得，代表了高海况下的实验数据。照射的海面区域共分为 14 个距离门，其中在第 9 个距离门有一个直径为 1 m 的球状金属网覆盖的塑料泡沫作为目标，每个距离门内采集的回波数据为 131 071 个点，由于海面波动的原因，实验表明会在 8、9、10 和 11 距离门内接受到微弱目标信号。

第 54♯cdf 文件是在海面浪高 0.7 m 时进行实验获得，代表了低海况下的实验数据。其中在第 8 个距离门有一个直径为 1 m 的球状金属网覆盖的塑料泡沫作为目标，由于海面波动的原因，实验表明会在 7、8、9 和 10 距离门内可以检测到微弱信号，其他设置与 17♯一致。

本节中用到的 17♯数据和 54♯数据分别对 14 个距离门内的 HV 极化下 I 通道 131 032 点数据用两种算法进行分形维数计算。计算时设定数据滑动窗长度为 4 096 点,每次计算结束后,向后滑动 64 点,共计得到了 1 985 个分形维数值,其中 HFD 算法总运算时间为 8.701 8×10^3 s,HFD－Euler 算法总运算时间为 2.942 4×10^3 s,为 HFD 算法总运算时间的 33.81%,两种算法的分形维数计算结果和平均值如图 6.37 和图 6.38 所示。

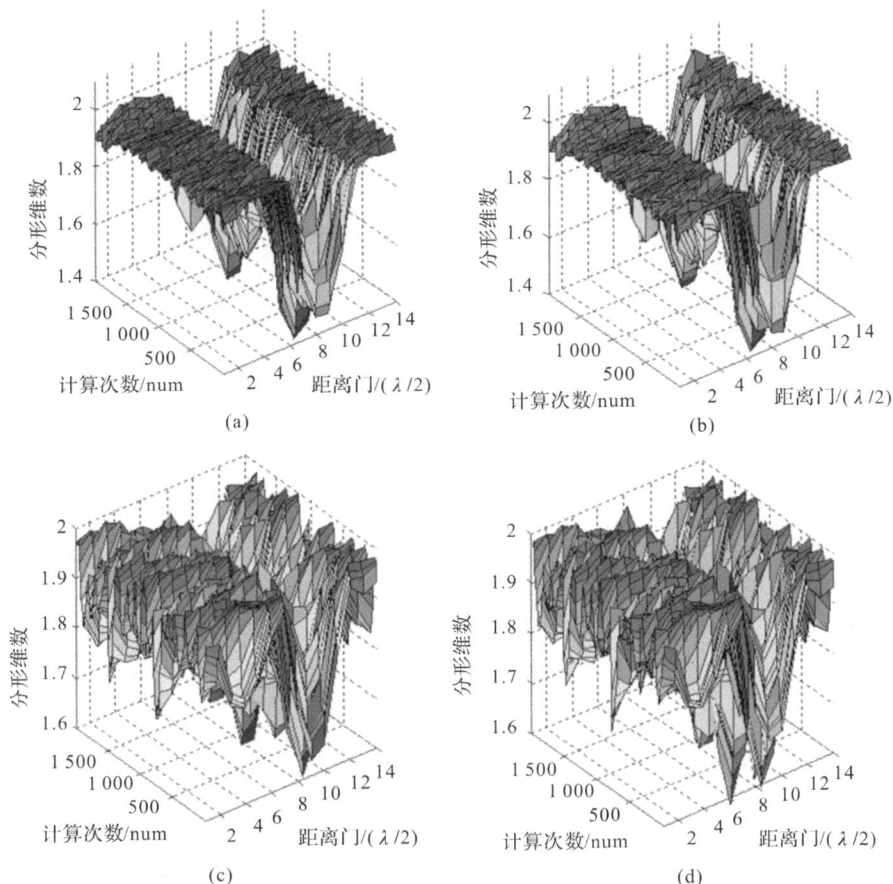

图 6.37　不同海况下各距离门内数据分形维数计算结果(3D)

(a)低海况下 HFD 分形维数;　(b)低海况下 HFD－Euler 分形维数;
(c)高海况下 HFD 分形维数;　(d)高海况下 HFD－Euler 分形维数

图 6.37(a)(b)反映的是低海况下各距离门内海杂波数据的分形维数分别在每次计算中的结果。图 6.37(c)(d)反映的是高海况下各距离门内数据的分形维数在每次计算中的结果。由图 6.37 可知,当距离门内存在目标时,该距离

门回波数据的分形维数会低于其他无目标回波数据的分形维数。这在图 6.37
(a)(b)中非常明显,而图 6.37(c)(d)中由于处于高海况,这种规律仍然存在,但
有所减弱。

由图 6.38 可知:在对每一个距离门内多次计算得到的两种算法分形维数求
均值后,两种算法的均值基本相等,并且能够从图 6.38(a)中看出,低海况下,在
没有目标的距离门(1-6,11-14)内,两种算法的平均分形维数在 1.95 附近,有
微弱起伏;而在设置有目标的距离门内,两种算法的平均分形维数在 1.6 附近,
人工目标的存在使雷达回波数据的分形维数降低了 0.35 个单位。在图 6.38
(b)中,高海况下,在没有目标的距离门(1~7,12~14)内,两中算法的平均分形
维数在 1.9 附近,有微弱起伏;而在设置有目标的距离门(8)内,两种算法的平均
分形维数在 1.75 附近,人工目标的存在使雷达回波数据的分形维数降低了
0.15 个单位。由图 6.38(a)(b)还可看出,人工目标的存在会降低回波信号的分
形维数,而海况越高,这种降低的趋势会被削弱。因此当采用分形维数作为目标
检测的特征量时,低海况下的目标检测难度要低于高海况下的目标检测难度。

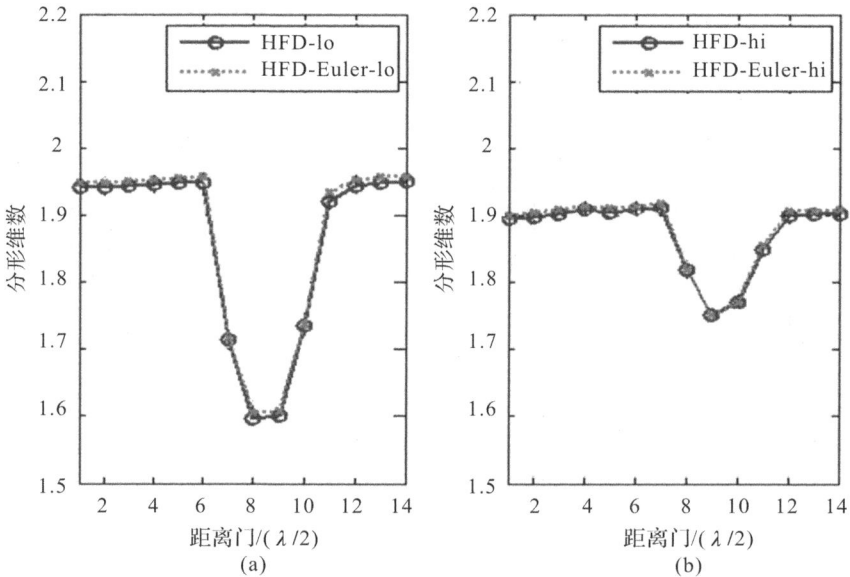

图 6.38 目标检测结果平均值曲线
(a)低海况下目标检测结果; (b)高海况下目标检测结果

为了定量地评估分形维数作为海杂波背景下目标检测特征量的检测性能,
将每一个距离门计算得到的 1 985 个分形维数作为目标检测的特性向量,进行
聚类分析,在计算距离时分别采用两种方法:欧氏距离和契比雪夫距离,利用最

短法创建系统聚类树,生成聚类树形图,并用 Cophenet 相关系数对聚类过程进行评价。结果如图 6.39、图 6.40 所示及见表 6.2 和表 6.3。

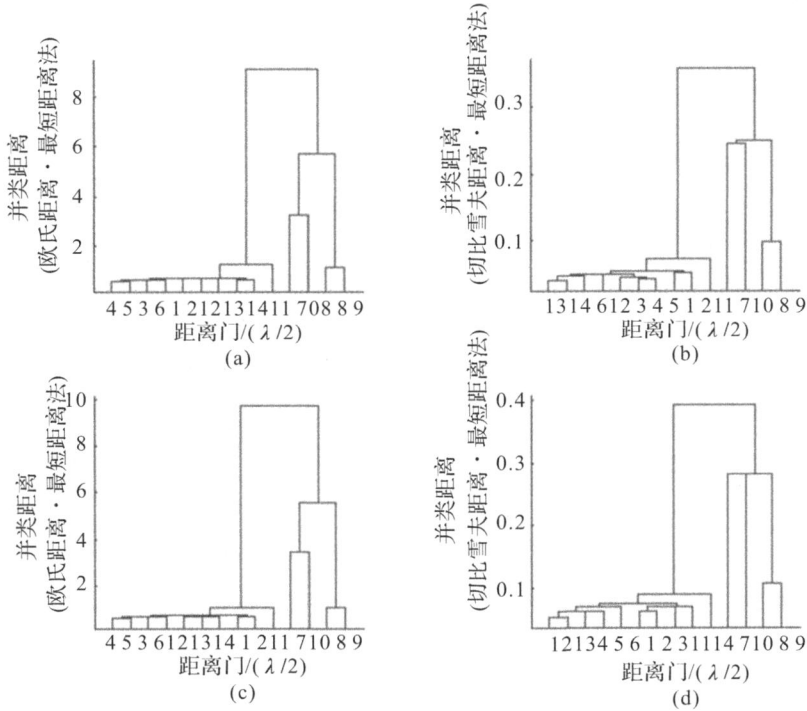

图 6.39　低海况下目标检测聚类分析

(a)欧氏 HFD 聚类分析；　(b)切比雪夫 HFD 聚类分析；

(c)欧氏 HFD－Euler 聚类分析；　(d)切比雪夫 HFD－Euler 聚类分析

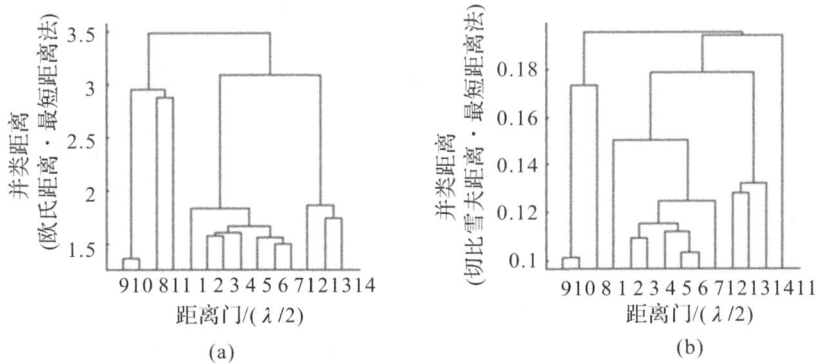

图 6.40　高海况下目标检测聚类分析

(a)欧氏 HFD 聚类分析；　(b)切比雪夫 HFD 聚类分析

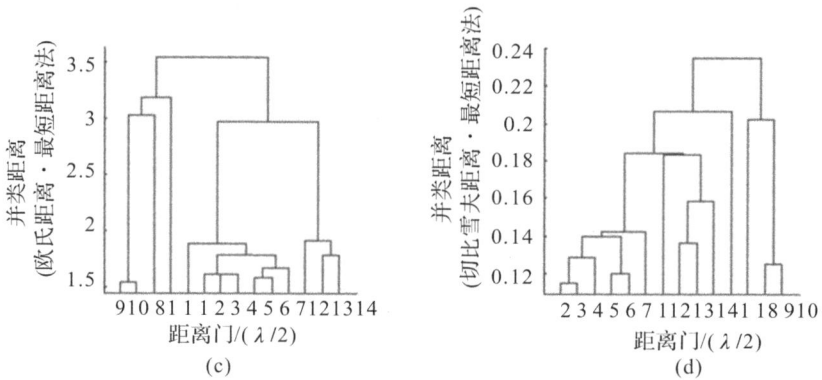

续图 6.40　高海况下目标检测聚类分析

(c)欧氏 HFD - Euler 聚类分析；　(d)切比雪夫 HFD - Euler 聚类分析

表 6.2　聚类结果

海况	分形维数	聚类结果是否正确	
		欧氏距离法	切比雪夫距离法
高海况	HFD	是	否
	HFD - Euler	是	否
低海况	HFD	是	是
	HFD - Euler	是	是

表 6.3　聚类结果的 Cophenet 系数表

海况	分形维数	Cophenet 系数	
		欧氏距离法	切比雪夫距离法
高海况	HFD	0.724 0	0.647 3
	HFD - Euler	0.745 8	0.811 0
低海况	HFD	0.950 8	0.963 6
	HFD - Euler	0.958 0	0.961 0

图 6.39 是低海况下 HFD 和 HFD - Euler 分形维数进行聚类分析的聚类树，图 6.40 是高海况下 HFD 和 HFD - Euler 分形维数进行聚类分析的聚类树。表 6.2 为聚类结果正确与否的说明表,表 6.3 为聚类效果评价 Cophenet 相关系数表。

结合图 6.39、图 6.40、表 6.2 和 表 6.3 可知,在低海况下,以 HDF 和 HFD - Euler 计算得到的分形维数作为检测特征量,分别采用欧氏距离和切比雪夫距离时都可以正确的对数据进行聚类,聚类结果与实际一致,聚类评价系数 Cophenet 的值很接近,达到了 0.95 以上(Cophenet 系数越接近 1,聚类效果越优)。

在高海况下,以 HDF 和 HFD - Euler 计算得到的分形维数作为检测特征量,当采用切比雪夫距离时两种算法不能正确地对数据进行聚类,此时聚类结果与实际不一致;当采用欧氏距离时,能够对数据进行正确地聚类,此时 HFD 算法的聚类评价系数 Cophenet 的值 0.724 0,HFD - Euler 算法的 Cophenet 系数为 0.745 8,两种算法在高海况下的聚类效果要低于低海况下的聚类效果。

6.4　基于多尺度 Higuchi 分形维数谱计算方法

多尺度分析是近年来非线性时间序列分析的一个热点。在 2011 年,Paolo Castiglioni 团队在运用 Hurst 指数研究心律变化的分形结构时,突破 Hurst 指数在计算时仅仅用一个尺度系数模型或两个尺度系数模型的突破,而提出一种尺度系数谱的方法,旨在从心律变化数据中挖掘更丰富的分形信息。受该思路的启发,2012 年 Gieraltowski 团队将多重分形除趋势分析方法 MFDFA(Multifractal Detrended Fluctuation Analysis)进行发展,形成了多尺度多重分形除趋势分析方法 MMA(Multiscal Multifractal Analysis)。2015 年商朋见团队在研究交通流的分形特征过程中,把该思路运用到多重分形除趋势交叉关联分析方法 MF - DCCA(Multifractal Detrended Cross - Correlation Analysis)中,得到了多尺度多重分形除趋势交叉关联分析方法 MM - DCCA(Multifractal Detrended Cross - Correlation Analysis)。林艾静在 2016 年提出了在基于改进的 MMA 算法得到的 Hurst 曲面基础上,进行分布函数统计即 CDF - MMA 方法来对中、美六种股市数据进行分析。

HFD 方法在描述时间序列的分形结构时面临类似的困境,受这些方法的启迪,本节针对 HFD 方法进行研究,将时间序列的分形维数计算从单一的 HFD 计算拓展多尺度 Higuchi 分形维数 MSHFD(Multiscale Fractal Higuchi's Dimension)计算,目的是为了将非平稳时间序列的尺度指数和分形特性进行量化分析,力图从时间序列中挖掘更多有用信息。不同于 HFD 仅仅得到一个值,MSHFD 计算得到一条曲线,而 CDF－MSHFD(Cumulative Distrbution Function - Multiscale Fractal Higuchi's Dimension)反映了时间序列的分形特性在不同尺度下的量化特征。

6.4.1 算法描述

本部分分别介绍 HFD 和 HFD 谱的计算过程,并对实验分析用到典型单重分形时间序列、多重分形时间序列和实测时间序列进行介绍。

1. HFD 算法

HFD 算法的具体过程如下:

(1)设定一个长度为 N 的时间序列 $X(1),X(2),\cdots,X(N)$,给定一个时间间隔 k,用延迟法重构时间序列得到一个的矩阵 X_k^m,它的形式为:

$$X(m),X(m+k),X(m+2k),\cdots,X(m+\text{int}(\frac{N-m}{k})k),m=1,2,\cdots,k \quad (6.32)$$

(2)每一个 X_k^m 的曲线长度 $L_m(k)$ 可以通过下面的公式计算得到:

$$L_m(k)=\frac{1}{k}\left\{\left\{\sum_{i=1}^{\text{int}\frac{N-m}{k}}X(m+iK)-X[m+(i-1)k]\right\}\times\frac{N-1}{\text{int}\left(\frac{N-m}{k}\right)k}\right\}$$

$$(6.33)$$

式中 $\dfrac{N-1}{\text{int}\left(\dfrac{N-m}{k}\right)k}$ ——标准化因子。

(3)总的序列的曲线长度可以用 k 个延迟生成序列曲线的长度的平均值近似. 即

$$L(k)=\frac{1}{k}\sum_{m=1}^{k}L_m(k) \quad (6.34)$$

(4)对于 k 不同的值,得到一组关于 k 与 $L(k)$ 的曲线数据。绘制 $\lg[L(k)]\sim\lg(1/k)$ 曲线,如果是一直线,说明 $L(k)$ 与 k 存在着如下的关系:

$$L(k)\sim k^{-\text{FD}} \quad (6.35)$$

(5)对数据进行直线拟合得到 $\lg[L(k)]=\text{FD}\times\lg(k^{-1})+C$,斜率即为时间序列的分形维数。

由 6.1 节可知,在 HFD 算法中,通过前 3 步的计算得到了时间间隔 k 和序列曲线长度 $L(k)$ 的计算公式:

$$L(k)=$$

$$\frac{1}{k}\sum_{m=1}^{k}L_m(k)\left\{\frac{1}{k}\left\{\left\{\sum_{i=1}^{\text{int}\frac{N-m}{k}}X(m+ik)-X[m+(i-1)k]\right\}\times\frac{N-1}{\text{int}\left(\frac{N-m}{k}\right)k}\right\}\right\}$$

$$(6.36)$$

分别在当 k 在一个连续的整数区间内 $[k_{\min}, k_{\max}]$ 取值时，即 $k = k_{\min}:k_{\max}$，得到 $L(k)$ 和 k^{-1}，分别计算其对数，得到了 $\{\ln k^{-1}, \ln[L(k)]\}$ 数据对，对其进行直线拟合，提取斜率，得到了 HFD。

2. MSHFD 算法

多尺度的概念就是基于多个时间间隔 k 的不同区间内，计算相应的 HFD 值，可以理解为在对 k 值加等长的滑动窗，分别在不同的窗内进行 HFD 计算，并把窗内的 k 值的均值作为该窗的尺度，以此来得到多尺度下 HFD 值，即 MSHFD。按照这个思路，整个计算过程整理如下：

(1)确定一个 k 的整体范围 $(k_{\min}, k_{\max})$；

(2)设计一个长度为 win_len＝50 的滑动窗，放置在 k 轴上。

(3)以窗内的 k 值为区间，首先计算该区间的平均 k 值 $k_{\mean}$，其次按照 HFD 算法进行计算该区间内的 HFD 值，得到了该尺度 $k_{\mean}$ 下的 HFD($k_{\mean}$)值。

(4)改变滑动窗的位置，在新的窗口内重复步骤（3）的过程，得到新的 HFD 值。

(5)多次重复(4)的过程，得到了各尺度下的 HFD 值，即可获得 MSHFD 值。

但是如果按照上述的过程计算会存在一个问题：上述的思路中的滑动窗在 k 轴上是等宽的，但是 HFD 计算时的直线拟合过程是在 $\lg k^{-1}$ 轴上，由于进行了求倒数，取对数，在拟合时会发现窗口内的点是不均匀的，窗口宽度不一致。对此，我们借鉴（Multiscal Multifractal Analysis）MMA 方法的改进思路，把滑动窗加在 $\lg k^{-1}$ 轴上，保证拟合点的均匀分布和拟合窗的宽度一致。所以新的算法的具体实现步骤如下：

(1)确定 $\lg k^{-1}$ 轴上的拟合窗宽度 win_len＝2，即

$$\lg \frac{1}{k_2} - \lg \frac{1}{k_1} = 2 \tag{6.37}$$

由此可得 $k_2 = 10^2 \cdot k_1$，即拟合窗的窗尾与窗头见的关系为

$$k_{\text{End}} = 10^{\text{win\_len}} \cdot k_{\text{start}} \tag{6.38}$$

注意：在此处由于运用了以 10 为底的对数，在 HFD 计算的后续过程中也应用以 10 为底的对数。

(2)确定滑动窗的数量：win_num＝50。

(3)给出滑动窗的起始位置取值 k_{start}，以及其步进 $k_{\text{step}} = 1$；得到所有窗口的起始位置：

$$k_{\text{start}} = 10 : k_{\text{step}} : (\text{win}_{\text{num}} - 1) \times k_{\text{step}} \tag{6.39}$$

(4)计算得到所有滑动窗的结束位置的取值：$k_{\text{end}} = k_{\text{start}} \times 10^{\text{win\_len}}$；

（5）获取第 idx_win 窗口内的 k 值：$k = k_{start}(idx\_win):1:k_{end}:(idx\_win)$，并计算出该窗口内 k 值的均值 $k_{mean}(idx\_win)$ 代表该窗口的尺度大小。

（6）在第 idx_win 个窗口的 k 值区间内，对原始数据序列按照 HFD 算法计算 HFD 值，作为 $k_{mean}(idx\_win)$ 尺度下的 HFD 值。

（7）滑动拟合窗口，重复步骤（5）和（6），得到了各尺度下的 HFD 值，即 MSHFD 值。

3. CDF - MSHFD 算法

在前面计算得到 MSHFD 结果的基础上，通过对 MSHFD k 进行经验累计分布函数 ecdf 计算，即 CDF - MSHFD 算法。

6.4.2　仿真分析

1. 实验数据

为了研究本部分提出的方法的性能，分别选取了几种典型的时间序列数据进行分析。

（1）随机序列。首先对高斯白噪声序列进行分析。在仿真过程中使用了 Matlab 软件中的 rand 函数来产生，序列的长度设置为 $N = 131\,072$ 点。

（2）单重分形时间序列。我们合成了分形维数分别为 FD＝1.1:0.1:1.9 的 WCF 分形序列，并用上述方法分别对每组序列进行分析。每组序列的长度均为 $N = 131\,072$ 点。

（3）多重分形时间序列。多重分形时间序列我们采用了两种：一种是二项式多重分形序列，另一种是 levy 飞行序列。二项式多重分形模型序列（Binomial multifractal model）是一种常用的多重分形序列。二项式多重分形序列是一个迭代过程。初始迭代 $k = 0$ 时，整个数据集 $X(i)$ 只包含一个值，$X^{(0)}(1) = 1$。在第 k 次迭代时，从 $X^{(k)}(2i-1) = pX^{(K-1)}(i)$ 和 $X^{(k)}(2i) = (1-p)X^{(k-1)}(i)$ $(i = 1,2,\cdots,2^{k-1})$ 得到数据集 $\{X^{(k)}(i), i = 1,2,\cdots,2^{k-1}\}$。当 $k \to \infty$ 时，$X^{(k)}(i)$ 接近于一个二项度量。经过学者的研究表明，二项式重分形序列的多重分形特性源自长程相关特性。仿真过程中，设定参数 $p = 0.1:0.1:0.4$。

（4）海杂波时间序列。本部分共采用了三类海杂波数据分别是：高低两种海况下的海杂波数据第 17♯ 数据和第 54♯ 数据。第 17♯ 海杂波数据中照射的海面区域共分为 14 个距离门，其中在第 9 个距离门有一个直径为 1 m 的球状金属网覆盖的塑料泡沫作为目标，每个距离门内采集的回波数据为 131 071 个点，由于海面波动的原因，回波信号会表明目标偶尔会出现在临近的两个距离门内，第

17♯海杂波数据在测试时浪高 2.1 m,在实验中被当做是高海况数据。而第 54♯海杂波数据在测试时浪高 0.7 m,目标设置在第 8 个距离门内,在实验中作为低海况数据进行分析。其余数据第 54♯数据与第 17♯数据的设置相同。

2.仿真分析

为了研究上述方法的效果,首先我们用该方法来分析三种人工合成的时间序列。我们选择了随机信号序列,单重分形时间序列,多重分形时间序列来分别代表三种不同种类的时间序列。

(1)随机序列分析。首先运用 CDF - MSHFD 算法对长度为 2^{17} 的高斯白噪声序列进行分析,如图 6.41 所示。图中同时展示了 10 组不同序列的 CDF - MSHFD 曲线和所有序列 CDF - MSHF 值的总体平均值的曲线。在计算单组随机序列的 CDF 结果时参数设置为 win_len=1,win_step=1,k_start=10:win_step:109,k_end= $10 \times$ k_start $=100:10 \times$ win_step:1090。

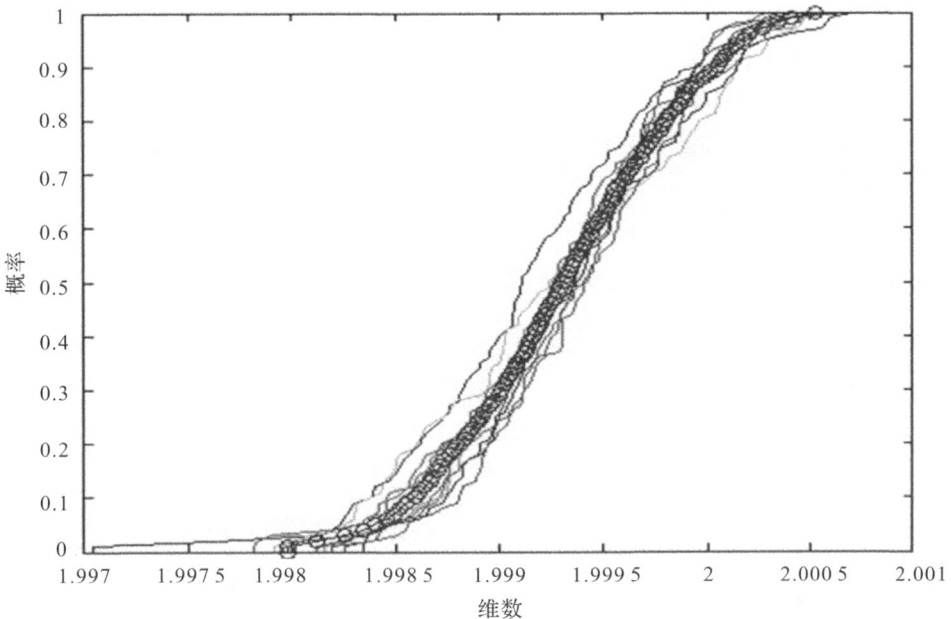

图 6.41　高斯序列的 CDF - MSHFD 曲线

其中实线是各次生成的随机序列的结果,"○"的连线是 10 次计算结果的总体平均 CDF - MSHFD 曲线。

由图 6.41 可知总体均值的 CDF 与单组序列的 CDF 曲线几乎是重合在一起的,相互之间没有显著差异,呈现出一个类似的单调增函数曲线。在后续的实验中,用 W(HFD)来评估非零—非一区域的宽度。W(HFD)反应了分形特性的复杂度和演化,10 次计算结果的 W(HFD)如图 6.42 所示。

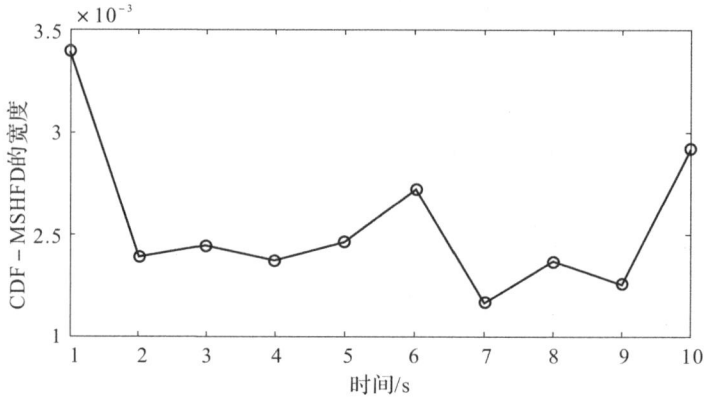

图 6.42　高斯序列的 CDF－MSHFD 的宽度变化曲线

由图 6.42 可知所有的合成高斯序列的 CDF 曲线非零非一区域宽度 W(HFD)之间的差距较小,其统计 W(HFD)=0.002 6±0.000 37。

(2)单重分形时间序列分析。其次,我们用长度为 N=2^{17} 的单重分形序列来进行分析。图 6.43 中同时展示了 9 组分形维数不同的 TF 序列的 CDF－MSHFD 曲线。在计算单组 TF 序列的 CDF 结果时参数设置为:FD=1.1:0.1:1.9,win_len=1,win_step=1,k_start=10:win_step:109,k_end = 10×k_start = 100:10×win_step:1090。

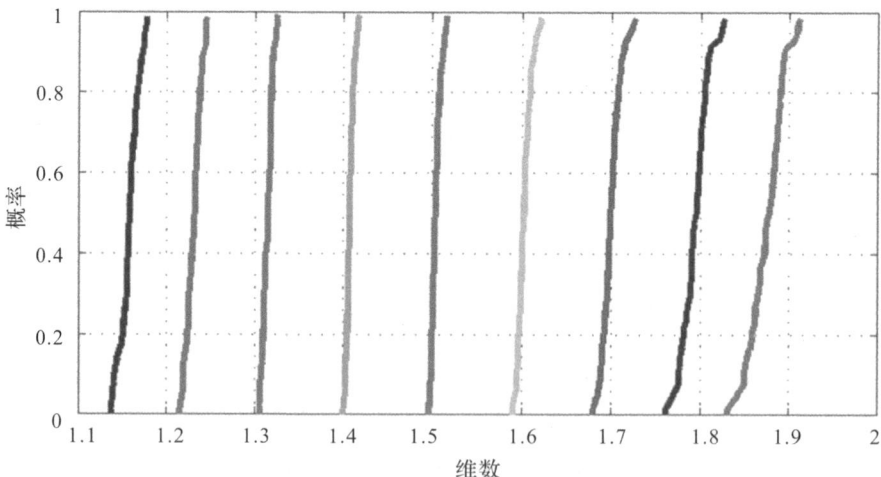

图 6.43　TF 序列的 CDF－MSHFD 曲线

由图 6.43 可知,CDF 曲线从 CDF＝0 的时候处于较小的值,突然在 HFD＝1.13,HFD＝1.21,HFD＝1.305,HFD＝1.4,HFD＝1.495,HFD＝1.59,HFD＝1.68,HFD＝1.77,HFD＝1.84 附近时上升,最终上升到 1。值得注意的是,这些点刚好是合成单重分形序列 TF 序列的真实分形维数附近。另外,单重分形序列的 CDF 曲线表现出相似的形状,相互之间是平行的。并且,对于所有的单重分形噪声,从图中可以看出,在 FD＝1.4,FD＝1.5,和 FD＝1.6 的时候,HFD 的估计值与真实值比较接近。

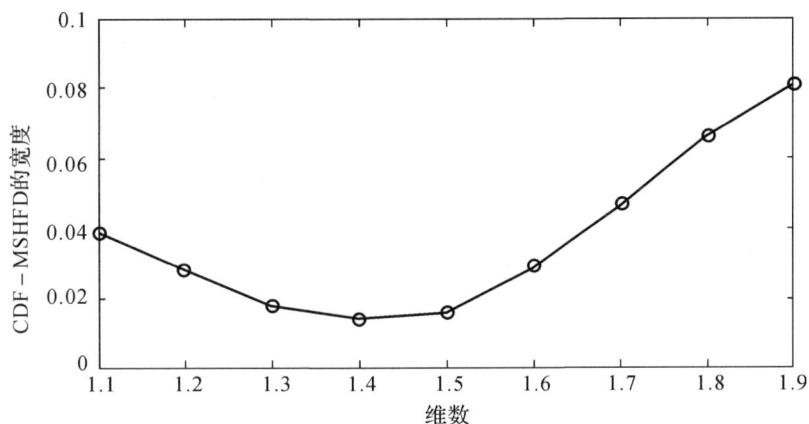

图 6.44　TF 序列 CDF－MSHFD 的宽度随分形维数变化曲线

图 6.44 反映的是 FT 序列的 CDF 曲线中非零非一区域宽度随分形维数的变化情况。由图 6.44 可知,W(HFD)值在 FD＝1.3,1.4 和 1.6 附近时最小,约为 0.02,在 FD＝1.9 时达到最大,约为 0.08。

(3)多重分形时间序列分析。接下来,我们对长度为 $N＝2^{17}$ 的二项式多重分形序列来进行分析。图 6.45 中展示了 4 组参数不同的二项式多重分形序列的 CDF－MSHFD 曲线。在计算这些序列的 CDF 结果时参数设置为 p＝0.1∶0.1∶0.4,win_len＝1,win_step＝1,k_start＝10∶win_step∶109,k_end＝10×k_start＝100∶10×win_step∶1090。

由图 6.45 可知,CDF 曲线从 CDF＝0 的时候处于较小的值,突然在 HFD＝1.91,HFD＝1.93,HFD＝1.945,HFD＝1.975,附近时上升,最终上升到 1。值得注意的是,这些曲线对应的分别是参数 $p＝0.4$,$p＝0.3$,$p＝0.2$ 和 $p＝0.1$ 时的序列,参数 p 越大,对应的 HFD 的转折点越小。

图 6.46 反映的是二项式多重分形序列的 CDF(Cumulative Distribution Function)曲线中非零非一区域宽度随参数 p 的变化情况。由图 6.46 可知,

W(HFD)值在 $p=0.1$，$p=0.4$ 附近时最小，约为 0.02，在 $p=0.2$ 和 $p=0.3$ 时达到最大，约为 0.028。

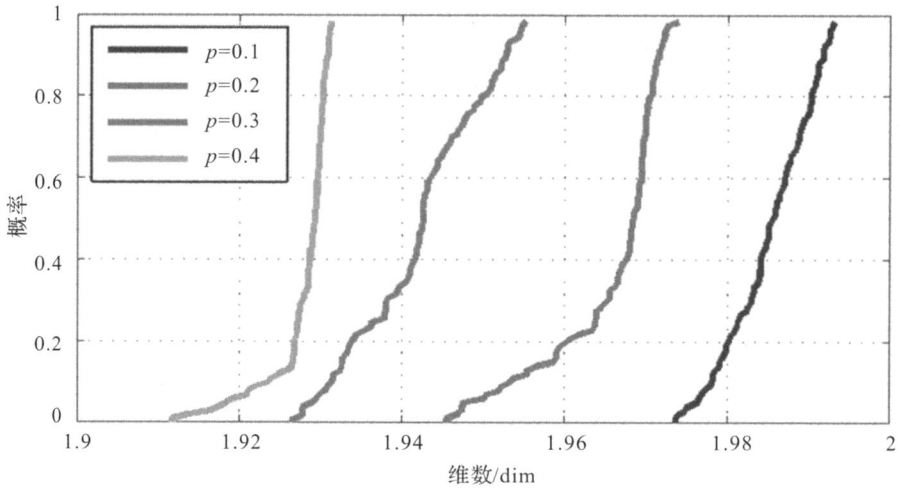

图 6.45　二项式多重分形序列 CDF－MSHFD 的宽度随分形维数变化曲线

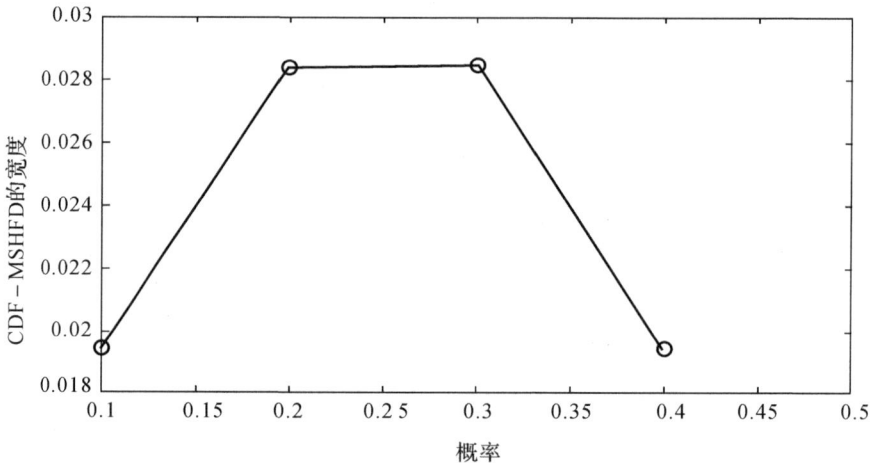

图 6.46　二项式多重分形序列 CDF－MSHFD 的宽度随序列参数变化曲线

（4）海杂波数据。为了研究提出的 CDF－MSHFD（Cumulative Distribution Function－Multiscal Fractal Higuchi's Dimension）方法对于实际测试数据的应用效果，我们用该方法分析了两种海况下的海杂波时间序列。分别计算了海杂波数据的多尺度 HFD，展示了基于多尺度 HFD 的积累分布函数，以及各距离门内海杂波数据多尺度 HFD 积累分布函数曲线非零非一区域的宽度。

1)高海况下海杂波目标分形特性分析。以高海况下 14 个距离门内的 14 组海杂波数据为研究对象,分别计算其在各尺度下的 HFD。具体参数设置为:win_len=1,win_step=1,k_start=10;win_step:109,k_end=10×k_start =100;10×win_step:1090。MSHFD 的结果如图 6.47 所示。

由图 6.47 可知,图中的"△"的曲线为包含有人造目标的距离门内(或者临近包含人造目标的距离门)的海杂波数据的 MSHFD 结果,其他实线为不包含人造目标的距离门内海杂波数据的 MSHFD 结果。从总体上来看,当距离门内存在人造目标时,该距离门内的海杂波数据的 MSHFD 值会小于无人造目标的距离门内的海杂波数据的 MSHFD 值。但是在尺度 $k=100$ 附近,所有的海杂波数据的 MSHFD 值会混叠在一起。此时,有无人造目标的存在对数据的 MSHFD 值无明显影响。图 6.47 中 △ 的曲线代表包含有人造目标的数据,其他实线代表不包含目标的数据。

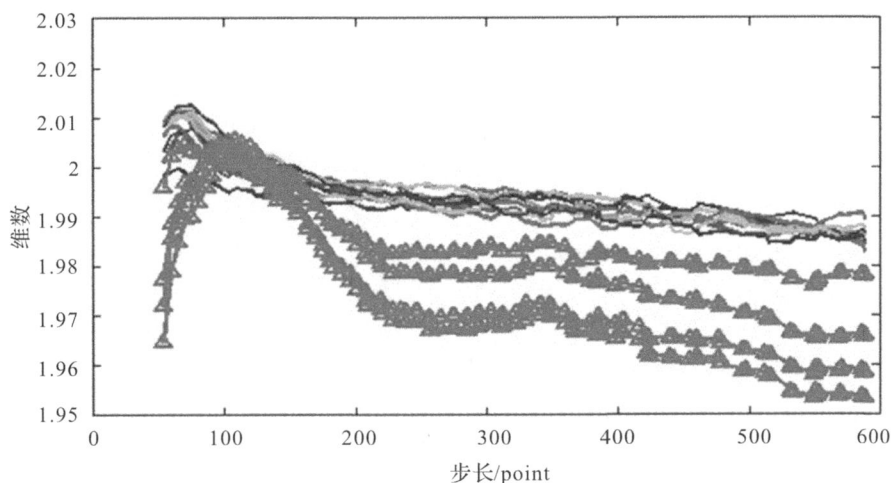

图 6.47　高海况下海杂波 MSHFD 曲线

基于上述计算得到的 MSHFD 结果,进一步计算得到 MSHFD 的积累分布函数 CDF,并将各组海杂波数据的结果绘制成 CDF－MSHFD 曲线,如图 6.48 所示。

由图 6.48 可知,包含有人造目标信息数据的 CDF－MSHFD 曲线上升过程远比不包含人造目标信息数据的 CDF－MSHFD 曲线上升快。并且前者上升的起点(横坐标)要小于后者上升的起点(很坐标)。而两者的终点也有类似的现象,但是前后的差距会变小。图 6.48 中 △ 曲线代表包含有人造目标的数据,其他实线代表不包含目标的数据。

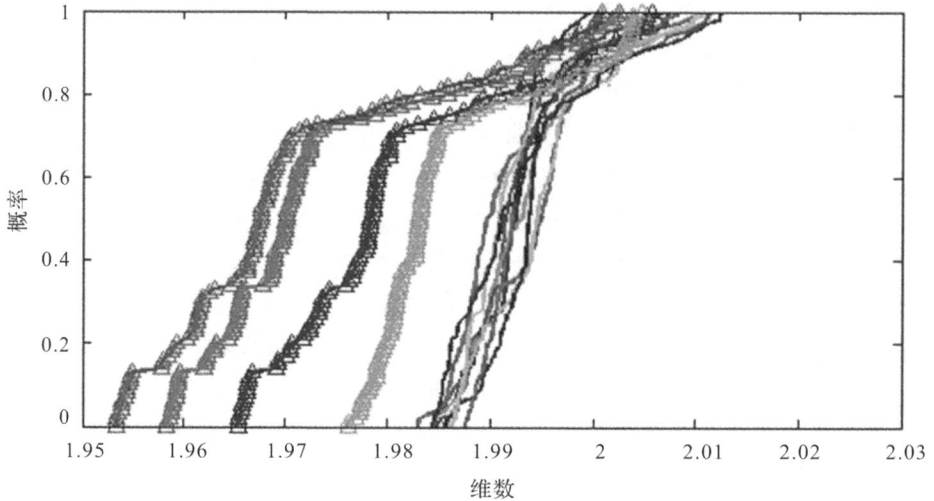

图 6.48 高海况下海杂波 CDF – MSHFD 曲线

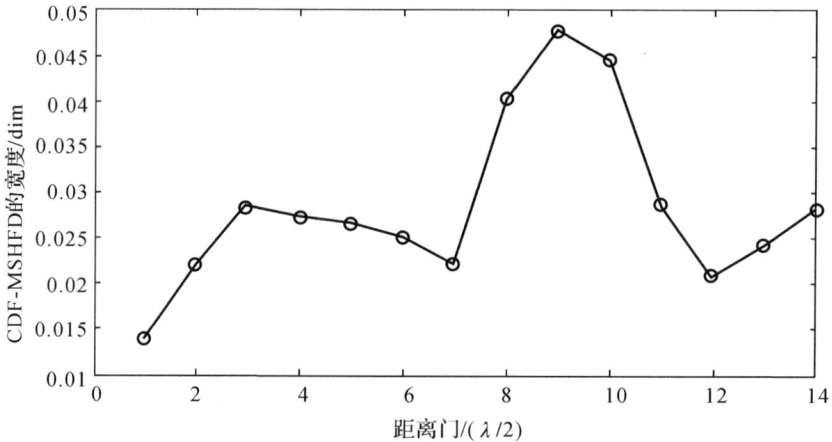

图 6.49 高海况下海杂波 CDF – MSHFD 曲线的 W(HFD)

分别计算每个距离门内数据的 CDF – MSHFD 曲线中非零非一区域的宽度 W(HFD)，并将其绘制成曲线，如图 6.49 所示。由图 6.49 可知，在第 9 距离门及第 8、第 10 和第 11 距离门内的 W(HFD)要大于其他距离门，而这四个距离门刚好放置有人造目标。是人造目标的存在，影响了海杂波的分形特性，而这又反映在 CDF – MSHFD 曲线的宽度 W(HFD)上面。

2）低海况下海杂波目标分形特性分析。以低海况下 14 个距离门内的 14 组海杂波数据为研究对象，分别计算其在各尺度下的 HFD。具体参数设置为：win_len＝1，win_step＝1，k_start＝10：win_step：109，k_end＝ 10×k_start ＝100：10×win_step：1090。MSHFD 的结果如图 6.50 所示。

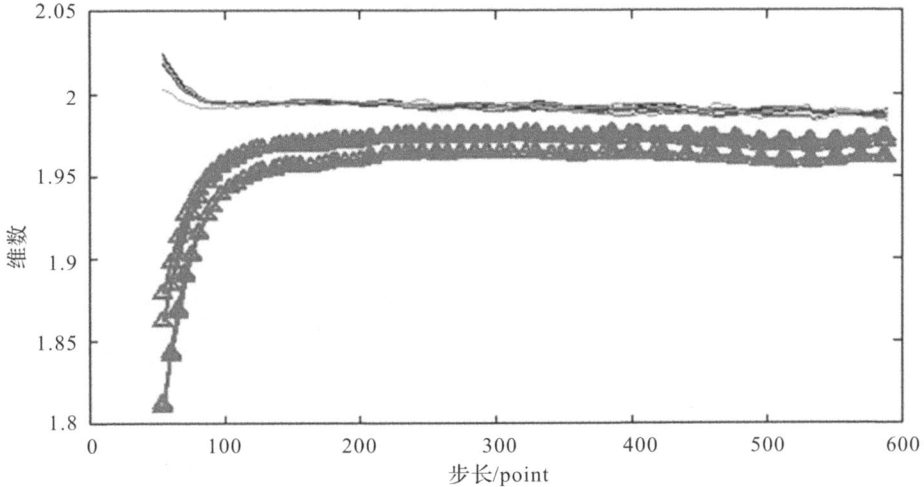

图 6.50　低海况下海杂波 MSHFD 曲线

由图 6.50 可知，图中的"△"曲线为包含有人造目标的距离门内（或者临近包含人造目标的距离门）的海杂波数据的 MSHFD 结果，其它实线为不包含人造目标的距离门内海杂波数据的 MSHFD 结果。从总体上来看，当距离门内存在人造目标时，该距离门内的海杂波数据的 MSHFD 值会小于无人造目标的距离门内的海杂波数据的 MSHFD 值。在尺度 $k < 100$ 的区域，有无人造目标，对海杂波数据的 MSHFD 结果很大。图 6.50 中 △ 曲线代表包含有人造目标的数据，其他实线代表不包含目标的数据。

综合对比图 6.47 与图 6.50，两种情形下最大的差别就是海况的不同。这可以说明该高海况会在一定程度上弱化海杂波数据的分形特性。

基于上述计算得到的 MSHFD 结果，进一步计算得到 MSHFD 的积累分布函数 CDF 并将各组海杂波数据的结果绘制成 CDF－MSHFD 曲线，如图 6.51 所示。

由图 6.51 可知，包含有人造目标信息数据的 CDF－MSHFD 曲线上升过程远比不包含人造目标信息数据的 CDF－MSHFD 曲线。另外，前者上升的起点（横坐标）要小于后者上升的起点（很坐标）。而两者的终点也有类似的现象。

图 6.51 中 △ 曲线代表包含有人造目标的数据,其他实线代表不包含目标的数据。

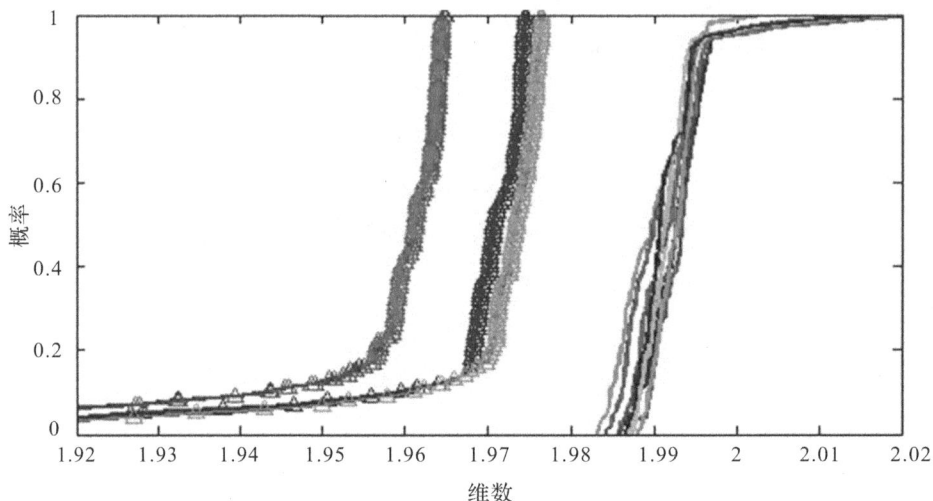

图 6.51　高海况下海杂波 CDF－MSHFD 曲线

分别计算每个距离门内数据的 CDF－MSHFD 曲线中非零非一区域的宽度 W(HFD),并将其绘制成曲线,如图 6.52 所示。

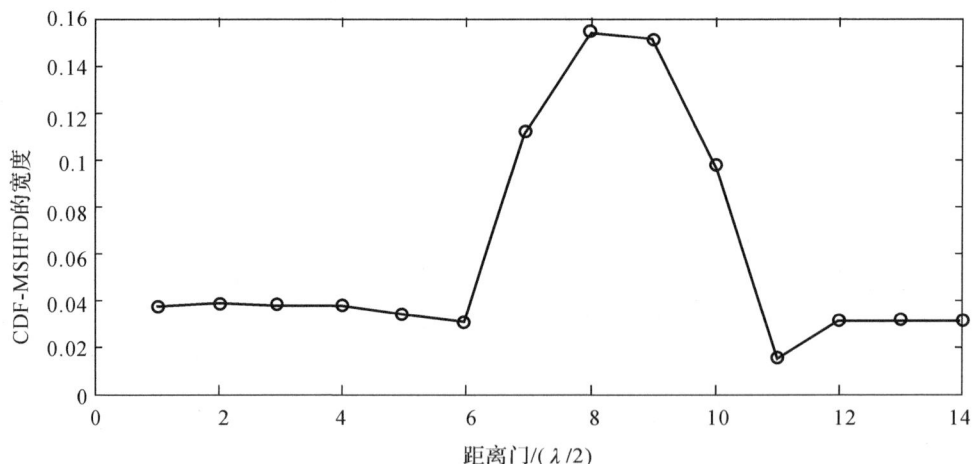

图 6.52　高海况下海杂波 CDF－MSHFD 曲线的 W(HFD)

由图 6.52 可知,在第 8 距离门及第 7、第 9 和第 10 距离门内的 W(HFD)要大于其他距离门，而这四个距离门刚好放置有人造目标。人造目标的存在，影响了海杂波的分形特性，而这又反映在 CDF – MSHFD 曲线的宽度 W（HFD）上面。与图 6.49 相比，在海况较低的情形下，有无目标的存在，会导致 W（HFD）的差异更大，使得 W（HFD）的区分能力更强。

第 7 章　总结与展望

7.1　总　结

海杂波背景下的雷达目标检测对民用和军事都有着重要的意义。随着海面目标的小型化和隐身化,海面慢速、漂浮小目标已经成为雷达警戒的重点对象。关于此类小目标的检测一直以来都是海杂波背景下目标检测中的难题。本书针对海杂波背景下的部分目标检测技术进行了深入研究,取得的主要成果可以概括如下。

(1)提出了一种基于实测海杂波数据的建模方法。首先提取不同海况下实测海杂波数据相干雷达基带数据,即包含 I、Q 的数据$[xI,,xQ]$,并提取幅度信息 S_M 以及瞬时相位信息 θ;然后选择统计模型,利用最大似然估计计算实测海杂波的瞬时幅度 S_M 的模型参数;最后选取相应的随机数发生器函数生成随机序列 A,令 $y=Ae^{j\theta}$ 得到仿真海杂波序列。实验表明,该方法在一定雷达分辨率和入射角的情况下能有效描述相关检测时间内的海杂波的非平稳特性。

(2)提出了一种非平稳时间序列状态空间重构方法。首先,利用 Hilbert 变换将非平稳时间序列 $f(x)$ 变换成解析形式;其次,计算其瞬态相位角 θ、角速度 $\dot{\theta}$ 及角加速度 $\ddot{\theta}$;最后,利用状态空间$[\theta,\dot{\theta},\ddot{\theta}]$重构原动力系统。通过仿真实验表明该方法既不需要考虑时间序列的平稳性,也避免了传统相空间重构方法中 τ 和 m 的选取问题,可有效重构非平稳时间序列的动力学特性,是本书提出的目标检测算法的基础。

(3)在重构海杂波时间序列状态空间的基础上,提出了一种基于"多尺度有向 Lyapunov 指数"的海杂波背景下弱小目标检测方法。首先按一定尺度将状态空间分割成互不相交的子矩阵,计算每个子矩阵的协方差矩阵的主特征值 σ_{ip}、特征向量 V_{ip} 以及相邻协方差矩阵主特征向量之间的夹角 ψ_i;然后定义 (σ_{ip},ψ_i) 为雷达回波数据的有向 Lyapunov 指数,计算各尺度有向 Lyapunov 指数(σ_{ip},ψ_i)的波动量,最后根据波动量(σ_{ip},ψ_i)设置双检测门限,若超出门限值既为检测到目标。仿真实验表明，多尺度有向 Lyapunov 指数能够准确描述海杂波的非线性、非高斯和非平稳特性，其波动量对海杂波与目标在动力学特性的差异以及海面与目标的电磁波散射特性的差异非常敏感，可准确检测海杂波背景下的弱小目标。

（4）针对传统检测方法需要依赖海杂波的统计学模型，而且存在计算复杂度较高、部分方法需要运用大量人为标定的训练数据集等问题，提出了一种基于自适应滤波的多目标检测方法。将雷达回波等分成回波矩阵 $\boldsymbol{X}_i$，计算 $\boldsymbol{X}_i$ 的协方差矩阵并进行特征值分解；利用特征值矩阵 $\boldsymbol{D}$ 计算奇异谱，估计主分量个数 N_{ev}，以 $N_{ev} > 3$ 作为门限判断回波矩阵 $\boldsymbol{X}_i$ 是否包含目标；通过特征矢量矩阵 $\boldsymbol{V}$ 构成的自适应滤波器对 $\boldsymbol{X}_i$ 滤波，估算滤波后回波脉冲的 Pareto 模型参数，生成 Pareto 随机序列；采用 K-L 散度识别目标回波，用峰值检测法确定各个目标位置。通过实测海杂波数据实验，验证了所提方法的有效性。

（5）针对 Sevcik 分形维数算法出现偏差较大的问题，提出了一种 Sevcik 改进算法，称为 Sevcik-Zscore 算法。通过仿真表明，该算法与 Sevcik 算法相比，在运算时间上略微有所增加，但 Sevcik-Zscore 算法在对数据长度的依赖性方面优于 Sevcik 算法。

（6）分析了 Higuchi 分形维数算法的抗噪特性，为该算法应用确定了环境噪声上限。Higuchi 分形维数算法应用广泛，但是对其抗噪特性研究却未见文献报道。针对不同信噪比下的分形信号，分析了几种典型的分形序列在叠加了高斯白噪声之后 Higuchi 分形维数的变化情况。书中分别使用了实验合成数据和实际测量数据，结果可信度高。

（7）Euler 公式与绝对值公式的关系，提出了 HFD-Euler 算法。在对 WMCF 序列的分析中表明，在准确性、运算时间和数据长度对准确性的影响方面均比 HFD 算法有明显的优势。另外在运算时间上，HFD-Euler 方法相比 HFD 算法所用时间短得多，这一点在大批量数据的多次运算中具有重要优势，可以促进 HFD-Euler 算法用于较长数据的在线实时运算。

（8）将 HFD 算法拓展到为多尺度 HFD 算法。该算法避开了直接在时间尺度上加窗的弊端，而选择在拟合坐标轴上加窗；后基于 MSHFD 结果，计算得到 MSHFD 的经验积累概率分布函数而得到了序列的 CDF-MSHFD。通过分别对典型的随机序列、单重分形序列和多重分形序列分析，表明该算法可以揭示序列更丰富的内在信息。在对海杂波序列的分形特性分析的结果也得到了类似结论，这一方法也可拓展到相关的聚类分析应用中。

7.2 展　望

　　海杂波背景下的目标检测尤其是弱小目标检测一直是军事和民用领域的研究热点,本书从不同的海杂波统计模型、海杂波信号的非平稳特性、海上弱小目标的运动特性与电磁波散射特性之间的差异、海杂波的自适应滤波以及分形维数等方面开展了海上目标的检测研究,虽然取得了一定的成果,但由于实际条件和时间的限制,还有很多问题来不及进行深入的研究。例如:如何提取更多能够有效区分杂波和目标的特征;如何将人工智能算法融合到特征检测中来,突破高维特征空间的限制;等等。相信随着新兴学科的发展,雷达目标检测与各类新兴学科的融合将成为新的发展趋势。将新兴学科的智能化与基于特征的检测方法结合,能够更有效地对目标进行检测,改善海杂波背景下慢速、漂浮小目标的检测性能。

参 考 文 献

[1] 时艳玲. 高距离分辨率海杂波背景下目标检测方法[D]. 西安:西安电子科技大学,2011.

[2] 赵玮. 海杂波背景下 ANMF 目标检测方法性能比较[D]. 西安:西安电子科技大学,2012.

[3] FINN H M, JOHNSON R S. Adaptive detection mode with threshold control as a function of spatially sampled clutter-level estimates[J]. RCA Review,1968,(29):414 - 464.

[4] RAVID R, LEVANON N. Maximum-likelihood CFAR for Weibull background[J]. IEE Proc - F,1992,139(3):256 - 264.

[5] GINI F, GRECO M V, VERRAZZANI L. Detection problem in mixed clutter environment as a Gaussian problem by adaptive preprocessing[J]. Electronics Letters,1995, 31(14): 1189 - 1190 .

[6] WATTS S. Cell-averaging CFAR gain in spatially correlated K-distributed clutter[J]. IEE Proc-Radar Sonar and Navig,1996, 143(5): 321 - 327.

[7] GUIDA M, LONGO M, LOPS M. Biparametric CFAR procedures for Lognormal clutter[J]. IEEE Transactions on Aerospace and Electronic Systems,1993, 29(3): 798 - 809.

[8] GINI F. A cumulant-based adaptive technique for coherent radar detection in a mixture of K-distributed clutter and gaussian disturbance[J]. IEEE Transactions on Signal Processing, 1997, 45(6): 1507 - 1519.

[9] GINI F. Sub-optimum coherent radar detection in a mixture of K-distributed and Gaussian clutter[J]. IEE Proc-Radar Sonar and Navig, 1997, 144 (1): 39 - 48.

[10] GINI F, LOMBARDINI F, VERRAZZANI L. Robust monoparametric multiradar CFAR detection against non-Gaussian spikyclutter[J]. IEE Proc-Radar Sonar and Navig, 1997, 144(3): 131 - 140.

[11] VELA G D M, PORTAL J A B, CORREDERA J R C. Probability of false alarm of CA-CFAR detector in Weibull clutter[J]. Electronics Letters, 1998, 34(8): 806 - 807.

[12] GINI F, LOMBARDINI F, VERRAZZANI L. Coverage area analysis for decentralized detection in weibull clutter[J]. IEEE Transactions on Aerospace and Electronic Systems, 1999, 35(2): 437 - 444.

[13] CONTE E, MAIO A D, GICCI G. Covariance matrix estimation for adaptive CFAR detection in compound-Gaussian clutter[J]. IEEE Transactions on Aerospace and Electronic Systems, 2002, 38(2): 415 - 426.

[14] YOUNSI A, GRECO M, GINI F, et al. Performance of the adaptive generalised matched subspace constant false alarm rate detector in non-Gaussian noise: an experimental analysis [J]. IET Radar, Sonar&Navigation, 2009, 3(3): 195.

[15] HE Y, JIAN T, SU F, et al. Novel range-spread target detectors in non-gaussian clutter[J]. IEEE Transactions on Aerospace and Electronic Systems, 2010, 46(3): 1312 - 1328.

[16] DONG Y. Optimal coherent radar detection in a K-distributed clutter environment[J]. IET Radar Sonar and Navigation, 2012, 6(5): 283 - 292.

[17] SANGSTON K J, GINI F, GRECO M S. Coherent radar target detection in heavy-tailed compound gaussian clutter[J]. IEEE Transactions on Aerospace and Electronic Systems, 2012, 48(1): 64 - 77.

[18] WEINBERG G V. Constant false alarm rate detectors for pareto clutter models[J]. IET Radar Sonar and Navigation, 2013, 7(2): 153 - 163.

[19] FULVIO GINI. A radar application of a modified cramer-rao bound: parameter estimation in non-Gaussian clutter[J]. IEEE Transactions on Signal Processing, 1998, 46(7): 1945 - 1953.

[20] GRECO M, BORDONI F, GINI F. X-band sea-clutter nonstationarity-influence of long waves[J]. IEEE Journal of Oceanic Engineering, 2004, 29(2): 269 - 283.

[21] GRECO M, GINI F, DIANI M. Robust CFAR detection of random signals in compound-Gaussian clutter plus thermal noise[J]. IEE Proceedings—Radar, Sonar and Navigation, 2001, 148(4): 227.

［22］ GRECO M，GINI F，RANGASWAMY M. Statistical analysis of meas-
ured polarimetric clutter data at different range resolutions［J］. IEE
Proceedings Radar，Sonar and Navigation，2006，153(6)：473.

［23］ GRECO M，STINCO P，GINI F. Identification and analysis of sea
radar clutter spikes［J］. IET Radar Sonar Navig，2010，4(2)：239 - 250.

［24］ 关键，刘宁波，黄勇，等. 雷达目标检测的分形理论及应用［M］. 北京：电
子工业出版社，2011.

［25］ BERIZZI F，MESE E D. Scattering from a 2-D sea fractal surface：frac-
tal analysis of the scattered signal［J］. IEEE Transactions on Antennas
and Propagation，2002，50(7)：912 - 925.

［26］ SAVAIDIS S，FRANGOS P，JAGGARD D L，et al. Scattering from
fractally corrugated surfaces：an exact approach［J］. Optics Letters，
1995，20(23)：2357 - 2359.

［27］ BERIZZI F，MESE E D. Fractal analysis of the signal scattered from
the sea surface［J］. IEEE Transactions on Antennas and Propagation，
1999，47(2)：324 - 338.

［28］ LO T，LEUNG H，LITVA J，et al. Fractal characterisation of sea-
scattered signals and detection of sea-surface targets［J］. IEE Proc - F，
1993，140(4)：243 - 250.

［29］ 杜干，张守宏. 基于多重分形的雷达目标的模糊检测［J］. 自动化学报，
2001，27(2)：174 - 179.

［30］ 杜干，张守宏. 高阶分形特征在雷达信号检测中的应用［J］. 电子学报，
2000，28(3)：90 - 92.

［31］ HU J，TUNG W，GAO J. Detection of low observable targets within
sea clutter by structure function based multifractal analysis［J］. IEEE
Transactions on Antennas and Propagation，2006，54(1)：136 - 143.

［32］ LUO F，ZHANG D，ZHANG B. The fractal properties of sea clutter
and their applications in maritime target detection［J］. IEEE Geoscience
and Remote Sensing Letters，2013，10(6)：1295 - 1299.

［33］ GUAN J，LIU N，ZHANG J，et al. Multifractal correlation character-
istic for radar detecting low-observable target in sea clutter［J］. Signal
Processing，2010，90(3)：523 - 535.

[34] GUAN J, LIU N, HUANG Y, et al. Fractal characteristic in frequency domain for target detection within sea clutter[J]. IET Radar Sonar and Navigation, 2011, 6(5): 293 - 306.

[35] CHEN X, GUAN J, HE Y, et al. Detection of low observable moving target in sea clutter via fractal characteristics in fractional Fourier transform domain[J]. IET Radar Sonar and Navigation, 2013, 7(6): 635 - 651.

[36] 王福友. 海杂波混沌分形特性分析、建模及小目标检测[D]. 哈尔滨: 哈尔滨工程大学, 2009.

[37] LEUNG H, HAYKIN S. Is there a radar clutter attractor[J]. Applied Physics Letters, 1990, 56(6): 593 - 595.

[38] LEUNG H, LO T. Chaotic radar signal processing over the sea[J]. IEEE Journal of Oceanic Engineering, 1993, 18(3): 287 - 295.

[39] HAYKIN S, LI X B. Detection of signals in chaos[J]. Proceedings of the IEEE, 1995, 83(1): 95 - 122.

[40] HAYKIN S, BAKKER R, CURRIE B W. Uncovering nonlinear dynamics: the case study of sea clutter[J]. Proceedings of the IEEE, 2002, 90 (5): 860 - 881.

[41] HU J, TUNG W, GAO J. Reliability of the 0 - 1 test for chaos[J]. Physical Review E, 2005, 72(3): 43 - 57.

[42] COWPER M R, MULGREW B, UNSWORTH C P. Investigation into the use of nonlinear predictor networks to improve the performance of maritime surveillance radar target detectors[J]. IEEE Proc-Radar Sonar and Navig, 2001, 148(3): 103 - 111.

[43] HENNESSEY G, LEUNG H, DROSOPOULOS A, et al. Sea-clutter modeling using a radial-basis-function neural network[J]. IEEE Journal of Oceanic Engineering, 2001, 26(3): 358 - 372.

[44] LEUNG H, DUBASH N, XIE N. Detection of small objects in clutter using a GA-RBF neural network[J]. IEEE Transactions on Aerospace and Electronic Systems, 2002, 38(1): 98 - 117.

[45] XIE N, LEUNG H, CHAN H. A multiple-model prediction approach for sea clutter modeling[J]. IEEE Transactions on Geoscience and Remote Sensing, 2003, 41(6): 1491 - 1502.

［46］ MCDONALD M，DAMINI A. Limitations of nonlinear chaotic dynam-ics in predicting sea clutter returns［J］. IEE Proceedings Radar，Sonar and Navigation，2004，151(2)：105－113.

［47］ XIE N，LEUNG H. Reconstruction of piecewise chaotic dynamic using a genetic algorithm multiple model approach［J］. IEEE Transactions on Circuits and Systems，2004，51(6)：1210－1222.

［48］ 谢鼎. Wigner-Ville 分布在调频信号处理中应用［D］. 西安：西安电子科技大学，2010.

［49］ GUAN J，CHEN X L，HUANG Y，et al. Adaptive fractional Fourier transform-based detection algorithm for moving target in heavy sea clutter［J］. IET Radar Sonar & Navigation，2012，6(5)：389－401.

［50］ CHEN X，GUAN J，BAO Z，et al. Detection and extraction of target with micromotion in spiky sea clutter via short－time fractional fourier transform［J］. IEEE Transactions on Geoscience and Remote Sensing，2014，52(2)：1002－1018.

［51］ CHEN X，GUAN J，LIU N，et al. Detection of a low observable sea-surface target with micromotion via the radon-linear canonical trans-form［J］. IEEE Geoscience and Remote Sensing Letters，2014，11(7)：1225－1229.

［52］ BRUCE L M，MORGAN C，LARSEN S. Automated detection of subpixel hyperspectral targets with continuous and discrete wavelet transforms［J］. LEES Transactions on Geoscience and Remote Sensing，2001，39(10)：221－222.

［53］ NOHARA T J，HAYKIN S. AR-based detection in sea clutter［J］. IEEE Transactions on Signal Processing，1993，41(3)：1259－1271.

［54］ 王福友，周卫东，袁赣南，等. 基于局部回波幅值统计的海杂波背景下小目标检测［J］. 海洋科学发展，2009，27(2)：176－184.

［55］ ROSENBERG L. Sea-spike detection in high grazing angle X-band sea-clut-ter［J］. IEEE Transactions on Geoscience and Remote Sensing，2013，51(8)：4556－4562.

［56］ LAMONT-SMITH T. An empirical model of EM scattering from steepening wave profiles derived from numerical computations［J］. IEEE

Transactions on Geoscience and Remote Sensing,2003,41(6): 1447 - 1454.

[57] LAMONT-SMITH T. Azimuth dependence of Doppler spectra of sea clutter at low grazing angle[J]. IET Radar,Sonar & Navigation,2008, 2(2): 97 - 103.

[58] KIM H S,EYKHOLT R,SALAS J D. Nolinear dynamics,delay times, and embedding windows[J]. Physica D:Nonlinear Phenomena,1999,127 (1/2):48 - 60.

[59] 吕金虎,陆君安,陈士华.混沌时间序列分析及其应用[M]. 武汉:武汉大学出版社,2002.

[60] 罗利军,李银山,李彤,等.李雅普诺夫指数谱的研究与仿真[J]. 计算机仿真,2005,22(12): 285 - 288.

[61] WOLF A,SWIFT J B,SWINNEY H L,et al. Determining Lyapunov exponents from a time series[J]. Physica D:Nonlinear Phenomena, 1985,16(3):285 - 317.

[62] ECKMANN J P,RUELLE D. Ergodic theory of chaos and strange attractors [J]. Reviews of Modern Physics,1985,57(3):617 - 656.

[63] 李国辉,徐得名,周世平. 时间序列最大 Lyapunov 指数的计算[J]. 应用科学学报,2003,21(2):127 - 131.

[64] WU X J, DING H, LIU N B, et al. A method for detecting small rargets in sea surface based on singular spectrum analysis[J]. IEEE Transactions on Geoscience and Remote Sensing,2021,60:1 - 17.

[65] CHEN Z,HE C,ZHAO C,et al. Using SVD-FRFT filtering to suppress first-order sea clutter in HFSWR[J]. IEEE Geoscience and Remote Sensing Letters,2017,14(7):1076 - 1080.

[66] LI Y,SIRA S P,MORAN B,et al. Adaptive Sensing of Dynamic Target State in Heavy Sea Clutter[C]//The 2nd IEEE International Workshop on Computational Advances in Multi-Sensor Adaptive Processing. St. Thomas:IEEE,2007:9 - 12.

[67] 翟东奇,江朝抒,邓晓波,等.基于非线性自适应滤波器的海杂波抑制技术[J].航空科学技术,2018,29(6):73 - 78.

[68] ZHAO H Y,ZHAO Z,XIAO F X. Robust detection method of small targets in sea-clutter via improved fast clustering segmentation[C]//

The 8th International Conference on Intelligent Human – Machine Systems and Cybernetics(IHMSC). Hangzhou:IEEE,2016:123 – 126.

[69] LANG H T,XI Y Y,ZHANG X. Ship detection in high – resolution sar images by clustering spatially enhanced pixel descriptor[J]. IEEE Transactions on Geoscience and Remote Sensing,2019,57(8):5407 – 5423.

[70] SU X H,SUO J D. Prediction of sea clutter based on chaos theory with RBF and K – mean clustering[C]//2006 CIE International Conference on Radar. Shanghai:IEEE,2006:1 – 4.

[71] MA H G,ZHANG C L,LI F. State space reconstruction for nonstationary time-series[J]. Journal of Computational and Nonlinear Dynamics, 2017,12(3):031009.

[72] WANG R,LI X Y,MA H G. Detection of small target in sea clutter via multiscale directional Lyapunov exponents[J]. Sensor Review,2019, 39(6):752 – 762.

[73] WARD K D,TOUGH R J A,WATTS S. Sea clutter:scattering,the K distribution and radar performance[M]. London:The Institution of Engineering and Technology,2013.

[74] 刘宁波,丁昊,黄勇,等.X 波段雷达对海探测实验与数据获取年度进展[J].雷达学报,2021,10(1):173 – 182.

[75] 刘宁波,董云龙,王国庆,等.X 波段雷达对海探测实验与数据获取[J].雷达学报,2019,8(5):656 – 667.

[76 赵兴刚,王首勇.基于 K – L 散度和散度均值的改进矩阵 CFAR 检测器[J].中国科学(信息科学),2017,47(2):247 – 259.

[77] ROSANA E,GEORGE V,JAVIER E,et al. A comparison of waveform fractal dimension algorithms[J]. IEEE Transactions of Circuits and Systems:Ⅰ:Fundmental Theory and Applications,2001,48(2):177 – 183.

[78] GRASSBERGER P,PROCACCIA I. Characterization of stranger attractors[J]. Physical Review Letters,1983,50(5):346 – 349.

[79] GRASSBERGER P,PROCACCIA I. Measuring the strangeness of strange attractors[J]. Physica D:Nonlinear Phenomena,1983,9(2):189 – 208.

[80] MICHAEL J. KATZ. Fractals and the analysis of waveforms[J]. Comput,Biol,Med,1988,18(3):145 – 156.

[81] RAGHAVENDRA B S,NARAYANA D D. A note on fractal dimen-

sions of biomedical waveforms[J]. Computers in Biology and Medicine，2009(3)：1006 - 1012.

[82] JANNUARY G，ZAHRA M. The fractality of lung sounds：a comparison of three waveform fractal dimension algorithms[J]. Chaos Solitons and Fractals,2005(26)：1065 - 1072.

[83] 訾艳阳,胥永刚,何正嘉. 离散振动信号分形盒维数的改进算法和应用[J]. 机械科学与计数,2001(3):373 - 375.

[84] HU J，TUNG W W,GAO J B. Detection of low observable targets within sea clutter by structrure function based multifractal analysis[J]. IEEE Trans，on Antennas and propagation,2006,54(1):136 - 143.

[85] PENG C K，HAVLIN S，EUGENE S H，et al. Quantification of scaling exponents and crossover phenomena in nonstationary heartbeat time series[J]. CHAOS,1995,5(1)：82 - 87.

[86] SPASIC S. Spectral and fractal analysis of biosignals and coloured noise [C]//Proceedings of the 5th International Symposium on Intelligent Systems and Informatics. Montenegro：Singapore,2007：147 - 149.

[87] ESTELLER R，VACHTSEVANOS G，ECHAUZ J，et al. A comparison of waveform fractaldimension algorithms[J]. IEEE Trans Biomed Eng，2001，48(2)：177 - 183.

[88] BERRY M V，LEWIS Z V. On the weierstrass-mandelbrot fractal function[J]. Proceedings of the Royal Society of London，1980，370(1743)：459 - 484.

[89] HATA M，YAMAGUTI M. The takagi function and its generalization [J]. Japan Journal of Industrial and Applied Mathematics，1984，1(1)：183 - 199.

[90] KATZ M J. Fractals and the analysis of waveforms[J]. Computers in Biology & Medicine,1988，18(3):145 - 156.

[91] JANNUARY G，ZAHRA M. The fractality of lung sounds：a comparison of three waveform fractal dimension algorithms[J]. Chaos,Solitons and Fractals,2005(26):1065 - 1072.

[92] CARLOS S. On fractal dimension of waveforms[J]. Chaos，Solitons and Fractas,2006(28):579 - 580.

[93] MAZA E，FRASSE P，SENIN P，et al. Comparison of normalization

methods for differential gene expression analysis in RNA-Seq experiments [J]. Communicative & Integrative Biology,2013, 6(6): 323 - 325.

[94] KAZBEKOV K K. Divergence of the fourier series of the weierstrass mandelbrot cosine function[J]. Institute of Applied Mathematics and Informatics,2009(6):17 - 25.

[95] DUBUC B, DUBUC S. Error bounds on the estimation of fractal dimension [J]. Siam Journal on Numerical Analysis, 1996,33(2):602 - 626.

[96] BACHMANN M, LASS J, SUHHOVA A, et al. Spectral asymmetry and higuchi's fractal dimension measures of depression electroencepha-logram[J]. Computational & Mathematical Methods in Medicine,2013 (1394):251638.

[97] KHOA T Q, HA V Q, TOI V V. Higuchi fractal properties of onset epilepsy electroencephalogram [J]. Computational & Mathematical Methods in Medicine,2012(1):94 - 106.

[98] KAZBEKOV K K. Divergence of the fourier series of the weierstrass mandelbrot cosine function[J]. Institute of Applied Mathematics and Informatics,2009(60):17 - 25.

[99] DUBUC B, DUBUC S. Error bounds on the estimation of fractal dimension [J]. Siam Journal on Numerical Analysis,1996, 33(2):602 - 626.

[100] HIGUCHI T. Approach to an irregular time series on the basis of the fractaltheory[J]. Physica D: nonlinear Phenomena,1988, 31(2):277 - 283.

[101] PHOTHISONOTHAI M, ARITA Y, WATANABE K. Effects of time windowing for extraction of expression from Japanese speech: Higuchi's fractal dimension [C]//Montenegro: Singapore. International Symposium on Communications and Information Technologies,piscat-away. N. J. : IEEE, 2013:665 - 668.

[102] BACHMANN M, SUHHOVA A, LASS J, et al. Revealing small hidden changes in human eeg by higuchi's fractal dimension[M]. Berlin: Springer Heidelberg, 2013.

[103] SOURINA O, LIU Y, SOURINA O. A fractal-based algorithm of emotion recognition from eeg using arousal-valence model[C]//Biosignals 2011 - Proceedings of the International Conference on Bio - Inspired Systems and Signal Processing. Rome:Scitepree,2011:209 - 214.

[104] GÓMEZ C, MEDIAVILLA A, HORNERO R, et al. Use of the Higuchi's fractal dimension for the analysis of MEG recordings from Alzheimer's disease patients[J]. Medical Engineering & Physics, 2008, 31(3):306 – 313.

[105] TELESCA L, LOVALLO M, LAPENNA V, et al. Long-range correlations in two-dimensional spatio-temporal seismic fluctuations[J]. Physica A Statistical Mechanics & Its Applications, 2007, 377 (1): 279 – 284.

[106] JEONG J. EEG dynamics in patients with Alzheimer's disease[J]. Clinical Neurophysiology Official Journal of the International Federation of Clinical Neurophysiology, 2004, 115(7):1490 – 1505.

[107] PARAMANATHAN P. An algorithm for computing the fractal dimension of waveforms[J]. Applied Mathematics & Computation, 2008, 195(2):598 – 603.

[108] FUSS F K. A method for quantifying the emotional intensity and duration of a startle reaction with customized fractal dimensions of EEG signals[J]. Applied Mathematics, 2016, 7(4):355 – 364.

[109] SLADJANA S. On 2D generalization of Higuchi's fractal dimension [J]. Chaos Solitons & Fractals, 2014, 69(5):179 – 187.

[110] CASTIGLIONI P, PARATI G, LOMBARDI C, et al. Assessing the fractal structure of heart rate by the temporal spectrum of scale exponents: a new approach for detrended fluctuation analysis of heart rate variability[J]. Biomedizinische Technik Biomedical Engineering, 2011, 56(4):175 – 183.

[111] SHI W, SHANG P, WANG J, et al. Multiscale multifractal detrended cross-correlation analysis of financial time series[J]. Physica A: Statistical Mechanics & Its A:pplications, 2014, 403(6):35 – 44.

[112] YIN Y, SHANG P. Multiscale multifractal detrended cross – correlation analysis of trafficflow[J]. Nonlinear Dynamics, 2015, 81(3):1 – 19.

[113] LIN A, SHANG P. Multifractality of stock markets based on cumulative distribution function and multiscale multifractal analysis[J]. Physica A: Statistical Mechanics & Its Applications, 2016(447):527 – 534.

[114] DAVIS A, MARSHAK A, CAHALAN R, et al. The landsat scale

break in stratocumulus as a three dimensional radiative transfer effect:
implications for cloud remote sensing[J]. Journal of the Atmospheric
Sciences,1997, 54(2):241 – 260.

[115]　KANTELHARDT J W, ZSCHIEGNER S A, KOSCIELNY-BUNDE
E, et al. Multifractal detrended fluctuation analysis of nonstationary
time series[J]. Physica A:Statistical Mechanics & Its Applications,
2002, 316(1/2/3/4):87 – 114.